建筑工程CAD

（第3版）

主　编　裘敏浩　佘　勇

副主编　欧长贵　聂　品　孙晓丽

　　　　张克敏　陈玉玺　王凌云

　　　　谢冬冬　卢晨辰　张子太

参　编　陈　平　宋生富

北京理工大学出版社

BEIJING INSTITUTE OF TECHNOLOGY PRESS

内 容 提 要

本书以AutoCAD 2020为基础，以在建筑工程中的应用为核心，系统地介绍了AutoCAD 2020的基础知识及使用AutoCAD 2020绘制建筑工程施工图的方法。全书共分为七章，主要内容包括AutoCAD 2020简介、AutoCAD 2020绘图基础、AutoCAD 2020辅助绘图、AutoCAD 2020图形编辑、绘制建筑施工图、三维绘图和图形的输入与打印等。

本书可作为高等院校土木工程类相关专业的教材，也可供建筑工程相关技术及管理人员工作时参考。

图书在版编目（CIP）数据

建筑工程CAD / 裘敏浩，佘勇主编.—3版.—北京：北京理工大学出版社，2021.2
ISBN 978-7-5682-9574-1

Ⅰ.①建… Ⅱ.①裘… ②佘… Ⅲ.①建筑设计－计算机辅助设计－AutoCAD软件－高等学校－教材 Ⅳ.①TU201.4

中国版本图书馆CIP数据核字（2021）第031899号

出版发行 / 北京理工大学出版社有限责任公司
社　　址 / 北京市海淀区中关村南大街5号
邮　　编 / 100081
电　　话 / （010）68914775（总编室）
　　　　　（010）82562903（教材售后服务热线）
　　　　　（010）68948351（其他图书服务热线）
网　　址 / http://www.bitpress.com.cn
经　　销 / 全国各地新华书店
印　　刷 / 北京紫瑞利印刷有限公司
开　　本 / 787毫米 ×1092毫米　1/16
印　　张 / 15
字　　数 / 390千字
版　　次 / 2021年2月第3版　2021年2月第1次印刷
定　　价 / 62.00元

责任编辑 / 多海鹏
文案编辑 / 多海鹏
责任校对 / 周瑞红
责任印制 / 边心超

第3版前言

随着计算机技术的不断发展与进步，计算机技术在工程设计中的应用越来越普遍，尤其是CAD技术的推广，给工程施工图的绘制带来了极大的便利。"建筑工程CAD"作为高等院校土木工程类相关专业的技术基础课程，其主要任务是使学生掌握AutoCAD软件的应用，通过学习AutoCAD软件的基本命令，能应用AutoCAD软件绘制建筑工程相关专业工程图纸。

AutoCAD作为建筑业使用最普遍的绘图软件之一，具有操作方便、易于掌握、应用广泛和体系结构开放等特点，深受广大建筑工程技术人员的欢迎。随着AutoCAD软件版本的不断更新，教材中的部分内容已不能引领当今AutoCAD软件的潮流和发展趋势，已不符合目前高等院校教学工作的需求，为了使学生能够更好地理解和应用AutoCAD软件，编者以AutoCAD 2020为基础，以其在建筑工程中的应用为核心，对本书进行了修订。

本次修订本着"学以致用"的原则，结合建筑工程制图课程教学体系对教学内容进行编排，着重培养学生的实际操作能力；并遵循由浅入深的原则，根据内容的变化调用相关操作命令，并将相关操作命令分散于各个教学阶段，便于学生快速、准确地掌握和应用AutoCAD软件技术。

本次修订秉持实用性、知用性、系统性和可操作性的宗旨，将理论与实践紧密结合，帮助学生掌握AutoCAD 2020软件，培养其应用AutoCAD 2020软件绘制建筑工程施工图的能力。为进一步强化教材的实用性和可操作性，使修订后的教材能更好地满足高等院校教学需要，本次修订对原有章节的知识体系和内容进行了较大幅度的调整、合并及补充，并对建筑工程施工图的绘制及三维绘图的相关知识进行了介绍。

本书由贵州电子信息职业技术学院裘敏浩、湖南有色金属职业技术学院佘勇担任主编，湖南有色金属职业技术学院欧长贵、王凌云、山东商务职业学院聂品、河北工程技术学院孙晓丽、广州东华职业学院张克敏、长江工程职业技术学院陈玉玺、毕节工业职业技术学院谢冬冬、卢晨辰、保定职业技术学院张子太担任副主编，贵州工商职业学院陈平、毕节工业职业技术学院宋生富参与编写。

本书修订过程中，参阅了国内同行的多部著作，部分高等院校的老师提出了很多宝贵的意见供我们参考，在此表示衷心的感谢！

本书虽经反复讨论修改，但限于编者的学识及专业水平和实践经验，修订后的教材仍难免存在疏漏和不妥之处，恳请广大读者指正。

编　者

第2版前言

AutoCAD是一款广泛应用于建筑、机械、汽车、电子、化工、服装、路桥等领域的计算机辅助设计软件，具有功能强大、性能稳定、易于掌握、使用方便、体系结构开放等特点。

"建筑工程CAD"是高等院校土建类相关专业的技术基础课程，其主要任务是使学生掌握AutoCAD和建筑CAD软件的应用，通过学习AutoCAD的基本命令，能应用AutoCAD绘制建筑工程相关专业工程图纸。通过本课程的学习，在理论知识方面，学生应熟悉AutoCAD和建筑CAD界面，掌握CAD的绘图步骤和方法，掌握基本绘图工具及操作命令；在操作技能方面，学生应掌握AutoCAD基本绘图工具和基本编辑命令，掌握各种标注的使用方法及标注样式的修改，熟悉建筑CAD软件，具备绘制建筑工程相关专业工程图纸的基本能力。

本书第1版是根据AutoCAD 2010进行编写，自出版发行以来，经相关院校教学使用，反映较好。随着AutoCAD软件版本的不断更新，教材中的部分内容已不能引领当今CAD软件的潮流和发展趋势，已不符合目前高等院校教学需求。为了使学生能够更好地理解和应用最新的AutoCAD软件，编者对本书进行了修订。

本次修订在保留原书编写体例及编写风格的情形下，系统地介绍了AutoCAD 2014的工作界面、常用操作、坐标系统、图形界限设置、绘图辅助工具、AutoCAD软件的基本绘图命令和编辑命令、图形输出等内容。建筑工程CAD是一门强调实践能力的课程，本次修订时除按原有体例对AutoCAD相关命令及操作方法进行介绍外，还结合建筑工程制图增加了大量实例及实用绘图技巧。

本次修订秉持实用性、知识性、系统性和可操作性的宗旨，将理论与实践紧密结合，帮助学生掌握AutoCAD 2014，并培养其应用AutoCAD 2014绘制建筑工程施工图的能力。本书由孙晓丽、李世海、陈新伟担任主编，杨勇、陈玉枝、赵新胜、裴敏浩担任副主编，李振勇、周前兵、曾婧参与了本书部分章节的编写。具体编写分工为：孙晓丽编写第一章和第六章，李世海、李振勇编写第四章和第八章，陈新伟编写第三章，杨勇、周前兵编写第七章，陈玉枝、曾婧编写第五章，赵新胜、裴敏浩编写第二章。

本书在修订过程中，参阅了国内同行的多部著作，部分高等院校的老师也提出了很多宝贵意见，在此表示衷心的感谢！

由于编者水平和实践经验有限，书中难免存在疏漏及不妥之处，恳请广大专家和读者批评指正。

编　者

随着计算机的迅猛发展，计算机辅助绘图（Computer Aided Drawing）技术已被广泛应用于建筑、机械、电子、航天等众多领域，并正发挥越来越重要的作用。计算机辅助绘图是利用计算机强有力的计算功能和高效的图形处理能力，辅助设计者进行工程和劳动产品的设计与分析，以达到理想的目的或创新成果的一种技术，是综合计算机科学与工程设计方法的最新发展而形成的一门新学科。计算机辅助绘图技术的发展是与计算机软件、硬件技术的发展和完善，与工程设计方法的革新紧密相关的。早期的计算机辅助设计系统是在大型计算机、超级计算机上开发的，往往只有在规模较大的汽车、航空、化工、石油、电力等行业部门应用，工程建设设计领域各单位只能望其项背。随着计算机技术的迅速发展，计算机辅助设计逐渐成为现实，计算机绘图室通过编制计算机辅助绘图软件，将图形显示在屏幕上，用户可以用光标对图形直接进行编辑和修改，并配上图形输入和输出设备，就组成了一套完整的计算机辅助绘图系统。

由Autodesk公司开发的AutoCAD是当前流行的计算机辅助绘图软件之一，其不仅能带给用户专业设计所需要的全部功能，还可以通过一些编程接口来扩展软件的功能。由于AutoCAD具有使用方便、体系结构方便等特点，故深受广大工程技术人员的喜爱。AutoCAD 2010相比早期其他版本，其功能得到了巨大的改进和提升，使用户的设计工作变得更加轻松自由和方便。

伴随着AutoCAD技术在我国的迅速发展，并广泛应用于各种不同的行业，AutoCAD不但成为设计师不可缺少的得力助手，更成为相关从业人员表达思想、交流技术的重要工具。AutoCAD技术是高等院校建筑施工技术等土建类相关专业的必修课程，学生的AutoCAD应用水平，成为衡量其个人能力的重要指标，也是参与就业竞争的重要支撑点。

本书由浅入深、详细地介绍了AutoCAD 2010的使用方法和功能。内容上以建筑应用为核心，通过对AutoCAD基本功能的介绍及典型建筑图样的绘制练习，详细介绍了AutoCAD 2010在建筑工程中的应用。本书在编写上突出使用性的特点，着重介绍建筑绘图方面的使用方法和技巧，做到理论知识浅显易懂，实际训练内容丰富。本书编者长期从事AutoCAD的专业设计与教学，书中软件命令与实际应用、基础知识与实例有机结合，所取范例都具有很强的代表性和针对性。本书由孙晓丽、张东生担任主编，张静、侯靖宇、梁四年担任副主编，谷雨、赵冬梅、李晶、胡岳芳参与了本书部分内容的编写。具体分工如下：孙晓丽编写项目二和项目六，张东生编写项目四和项目五，张静编写项目三，侯靖宇编写项目一，梁四年编写项目八，谷雨、赵冬梅、李晶、胡岳芳共同编写了项目七。全书由徐泽华主审。

本书编写过程中参阅了国内同行的多部著作，部分高等院校老师也对编写工作提出了很多宝贵的意见，在此表示衷心的感谢！本书可作为高等院校建筑类专业的教学用书，也可供AutoCAD的初学者及具有一定绘图基础的设计人员参考使用。

由于编者水平有限，加上编写时间仓促，在编写过程中难免出现错误和疏漏，请广大读者给予批评和指正。

编　者

目录

Contents

第一章 AutoCAD 2020 简介

 学习目标

通过对本章内容的学习，了解 CAD 技术在建筑工程中的应用，掌握 AutoCAD 2020 的启动和退出，熟悉 AutoCAD 2020 的用户界面及绘图环境。

教学重点

1. AutoCAD 2020 的启动和退出。
2. AutoCAD 2020 用户界面的操作。
3. AutoCAD 2020 的文件管理。
4. 坐标知识及坐标设置。

第一节 CAD 技术在建筑工程中的应用

一、建筑工程 CAD 技术的内容

CAD 是一种用计算机硬件和软件系统辅助工程技术人员对产品或工程进行设计的方法与技术。其是一种新的设计方法，也是一门多学科综合应用的新技术。基础的 CAD 技术涉及的内容包括图形处理技术、工程分析技术、数据管理与数据交换技术、文档处理技术及软件设计技术。

（1）图形处理技术，如自动绘图、几何建模、图形仿真及图形输入、输出技术等。

（2）工程分析技术，如有限元分析、优化设计及面向各种专业的工程分析等。

（3）数据管理与数据交换技术，如数据库管理、产品数据管理、产品数据交换规范及接口技术等。

（4）文档处理技术，如文档制作、编辑及文字处理等。

（5）软件设计技术，如窗口界面设计、软件工具、软件工程规范等。

二、建筑工程 CAD 技术的研究方法

将目前 CAD 所涉及的、研究的图形处理技术、工程分析技术、数据管理与数据交换技术、文档处理技术、软件设计技术等应用于建筑设计领域，辅助建筑工程设计人员完成工程设计的

整个过程就是建筑 CAD 的总体含义。经多年教学、科研、实践表明，应从以下几个方面研究建筑工程 CAD。

(一)建筑工程二维 CAD 制图方法研究

建筑工程二维 CAD 制图包括建筑施工图、结构施工图、给水排水施工图、电气施工图 4 大类将近 40 个子类的图形制图，这部分内容的主要难点是必须准备好符合国家建筑工程设计标准的图形模板；熟练运用 CAD 二维制图的绘图和编辑命令；熟练运用建筑工程设计内容及表达方法等。

(二)建筑工程三维 CAD 制图方法研究

在我国，建筑工程三维 CAD 制图目前仍属于研究及试验阶段，许多工程技术人员对计算机或 CAD 软件表达三维建筑图形的手段和方法还不熟悉，目前科研院所和企业的工程技术人员正在普及这方面的知识。

(三)建筑工程 CAD 二次开发技术研究

建筑工程 CAD 二次开发技术研究主要包括常用图形符号处理，常用二维和三维图形参数化编程，建筑工程计算、表格处理、线图处理及界面开发与其驱动技术的研究。

(1)常用图形符号处理。无论是建筑还是其他工程，常用图形符号处理是必须做的工作，对 CAD 软件的图形绘制、图块制作、图块库制作、菜单开发等技术加以研究已经不再是难题，只是 CAD 软件不同的版本，其方法可能不尽相同。

(2)常用二维和三维图形参数化编程。对于建筑工程中常用二维图形的参数化编程所需具备的条件是熟悉 Autolisp、Visual lisp、VB、VC 中任意一种语言的，以及熟练掌握其开发步骤、技巧。三维参数化编程难度相对要大一些。

(3)建筑工程计算、表格处理、线图处理。本部分内容专业性强，内容重要，且比较分散复杂。表格及线图处理方面应用的方法较多，学习中应注重常用的一些工程实际问题的处理方法，学会这些方法并运用到自己的设计中。

(4)界面开发及其驱动技术的研究。界面开发及其驱动技术的研究目的是为前面的三项内容服务的，并对上述工作加以包装及智能化、自动化、集成化。

(四)建筑工程仿真技术研究

在建筑工程设计表达中，经常需要给出建筑设计模型的三维造型及其材质、灯光、渲染效果。这部分内容通常可分为建筑物的静态造型仿真和三维建筑物的动态仿真。

1. 建筑物的静态造型仿真

目前的许多 CAD 软件，尤其是 AutoCAD 软件系统，将三维设计模块与二维融为一体，为工程设计尤其是建筑工程设计带来了极大的方便，通过在 CAD 软件中将用户需要的设计模型用三维制图方法绘制完成后，赋予不同图层、颜色、与实体相应的材质，打上所需要的光源，运用场景技术和渲染技术，可以在 CAD 软件中得到逼真的建筑物三维真实效果图，给用户以身临其境的感觉。

2. 三维建筑物的动态仿真

一些高版本的 CAD 软件现在已经具备三维造型的动态仿真功能，但运用这些功能通常对计算机硬件要求比较高；AutoCAD 2007 版开始具备动态仿真功能，它不能像 3ds Max 软件系统那样自由地表达三维动态仿真情况，但会不断发展提高，这也是未来计算机 CAD 软件的功能发展趋势之一。随着计算机软件、硬件性价比的不断提高及价格的不断下降，建筑或工程设计的仿真技术研究将会取得很好的效果。

三、CAD 在建筑设计中的应用

在建筑工程领域的各类建筑设计中，建筑 CAD 设计是普遍采用的主要设计方法。为满足现代建筑设计职业工作的需要，从事建筑工程领域设计的工程技术人员必须在掌握建筑工程设计基本知识的基础上，熟练掌握相应的建筑 CAD 设计软件。建筑 CAD 设计的主要内容包括平面设计和效果设计两个方面。

1. 建筑 CAD 的平面设计

建筑 CAD 的平面设计，是指使用 AutoCAD 软件系统完成平面方案图、平面施工图、立面施工图、剖面施工图等各类建筑平面工程图的计算机绘制。

2. 建筑 CAD 的效果设计

建筑 CAD 的效果设计，是指使用相应的计算机专用软件(如 3ds Max 等)完成建筑设计过程中各种效果图形的计算机绘制。

建筑 CAD 实用技术课程的主要教学内容是：在初步掌握建筑制图基本知识及建筑设计基本概念的基础上，学习在建筑 CAD 设计过程中重点使用的 AutoCAD 计算机应用软件系统的基本知识及操作方法，学习和掌握利用 AutoCAD 软件系统进行建筑工程图的计算机绘制的一般方法。

第二节　AutoCAD 2020 的工作界面

用户启动 AutoCAD 后会直接进入工作界面，包括菜单浏览器、快速访问工具栏、标题栏、功能区域与功能区选项卡、绘图区域、光标、命令窗口(命令行)、状态栏、坐标系图标、模型/布局选项卡等，如图 1-1 所示。

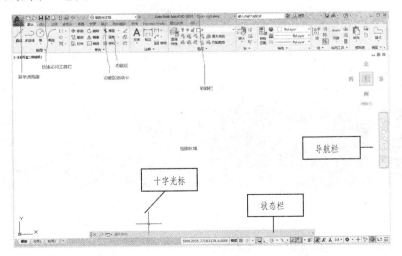

图 1-1　AutoCAD 2020 中文版操作界面

一、标题栏

标题栏位于绘图操作界面的最上方，用来显示 AutoCAD 2020 的程序图标和当前正在执行的图形文件的名称，该名称随着用户所选择图形文件的不同而不同。在文件未命名之前，第一次启动 AutoCAD 2020 时创建并打开的图形文件默认设置为 Drawing1，如图 1-1 所示。标题栏的右侧为程序的最小化、还原和关闭按钮。

二、菜单栏

AutoCAD 2020 的快捷访问工具栏处调出菜单栏如图 1-2 所示。菜单栏位于标题栏的下方（图 1-3），其下拉菜单的风格与 Windows 系统完全一致，是执行各种操作的途径之一。标题栏包括"文件""编辑""视图""插入""格式""工具""绘图""标注""修改""参数""窗口""帮助"共 12 个菜单选项。每个菜单选项均包括一级或多级子菜单，这些菜单几乎包括了 AutoCAD 所有的绘图命令。

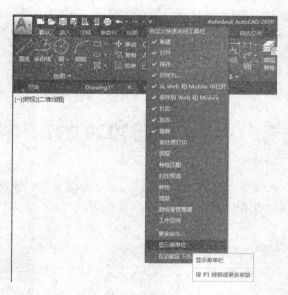

图 1-2　调出菜单栏

图 1-3　菜单栏显示界面

AutoCAD 2020 下拉菜单有以下三种类型：

（1）右边带有小三角形的菜单项，表示该菜单后面带有子菜单，将光标放在上面会弹出它的子菜单。

（2）右边带有省略号的菜单项，表示单击该项后会弹出一个对话框。

（3）右边没有任何内容的菜单项，选择它可以直接执行一个相应的 AutoCAD 命令，在命令提示窗口中显示出相应的提示。

三、工具栏

AutoCAD 2020 的工具栏是一组图标型工具的集合，选择菜单栏的中"工具"→"工具栏"→AutoCAD 命令，即可调出所需要的工具栏，如图 1-4 所示，单击某一个未在界面显示的工具栏标签名，则系统自动在工作界面打开该工具栏；反之，则关闭工具栏。

工具栏可以在绘图区浮动，如图 1-5 所示。此时显示该工具栏标题，并可关闭该工具栏，用鼠标可以拖拽浮动工具栏到图形边界，使它变为固定工具栏，此时该工具栏标题隐藏。可以将固定工具栏拖出，使它成为浮动工具栏。

将光标移动到工具栏中的某个按钮上，稍停留片刻，即在该按钮的一侧显示按钮的名称和相应的功能提示，单击该按钮就可以启动相应的命令。有些工具栏按钮的右下角带有一个小三角，这说明该按钮是包含相关命令的"弹出工具栏"，将光标移动到该按钮上时，按住鼠标左键直至显示"弹出工具栏"，在"弹出工具栏"上移动光标至相应按钮处再松开鼠标左键即可执行相应的命令。

图 1-4　单独的工具栏标签

图 1-5　浮动工具栏

四、快速访问工具栏

位于屏幕左上角的是功能强大的"快速访问"工具栏。该工具栏包括"新建""打开""保存""另存为""撤销""重做"和"打印"七个最常用的工具按钮。通过单击此工具栏后面的下三角按钮，用户可以设置需要的常用工具按钮。

五、功能区

在默认情况下，功能区包括"默认""插入""注释""参数化""视图""管理""输出""附加模块""协作""精选应用"选项卡，如图 1-6 所示。每个选项卡集成了相关的操作工具，方便用户的使用。用户可以单击功能区选项后面 按钮控制功能的展开与收缩。

图 1-6　默认情况下出现的选项卡

将光标放在面板的任意位置处，然后单击鼠标右键，打开如图 1-7 所示的快捷菜单。单击某一个未在功能区显示的选项卡名称，则系统会自动在功能区打开该选项卡；反之，则关闭选项卡（调出面板的方法与调出选项板的方法类似，这里不再赘述）。单击选项卡中面板的"固定"与"浮动"，面板可以在绘图区"浮动"，如图 1-8 所示。

图 1-7　快捷菜单

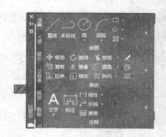

图 1-8　"浮动"面板

六、绘图区

AutoCAD 2020 绘图区是指显示、绘制和编辑图形的矩形区域，是位于工作界面中央的大片空白区域。在绘图区中，有四个工具需要用户注意，分别是光标、坐标系图标、ViewCube 工具和视口控件，如图 1-9 所示。

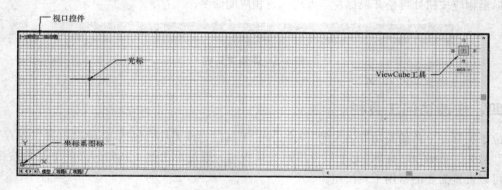

图 1-9　绘图区域的四个工具

（1）光标。在绘图区中，有一个类似十字线的光标，其交点坐标反映了光标在当前坐标系中的位置。在 AutoCAD 中，十字线的长度系统预设为绘图区大小的 5％。AutoCAD 通过光标坐标值表示当前点的位置，用户可以根据绘图的实际需要调整光标的大小。具体方法如下：

1）选择菜单栏中的"工具"→"选项"命令，系统弹出"选项"对话框；单击"显示"标签，打开"显示"选项卡；在"十字光标大小"文本框中直接输入数值，或拖动文本框后面的滑块，即可对十字光标的大小进行调整。

2）通过设置系统变量 CURSORSIZE 的值，修改十字光标的大小。在命令提示下，输入如下命令：

命令：CURSORSIZE

输入 CURSORSIZE 的新值⟨5⟩:

在提示下输入新值即可修改光标的大小。

另外,光标的形状取决于正在使用的 AutoCAD 命令,或者光标移向的位置。如果系统提示用户指定点位置,光标显示为十字光标;当提示用户选择对象时,光标将更改为一个称为拾取框的小方框;如果未在命令操作中,则光标显示为十字光标与拾取框的组合;如果系统提示用户输入文字,则光标显示为竖线。

(2)坐标系图标。在绘图区的左下角有一个箭头指向的图标,称为坐标系图标,表示用户绘图时正在使用的坐标样式。坐标系图标的作用是为点的坐标确定提供一个参照系。根据绘图工作的需要,用户可以选择打开或者关闭坐标系图标,其方法是在菜单栏中选择"视图"→"UCS 图标"→"开"命令,如图 1-10 所示。

图 1-10　打开或关闭坐标系图标

(3)ViewCube 工具。ViewCube 是一种方便的工具,可用来控制三维视图的方向。

(4)视口控件。视口控件显示在绘图区的左上角,其提供了更改视图、视觉样式和其他设置的便捷方式。用户可以单击视口控件中三个括号内区域中的任意一个来更改设置。在图 1-11 中,单击最左边的按钮可显示选项,用于恢复/最大化视口、更改视口配置或控制导航工具的显示;单击"俯视"按钮可以在几个标准和自定义视图之间选择;单击"二维线框"按钮可用来选择一种视觉样式。

七、命令窗口(命令行)

命令窗口(命令行)是用户通过键盘输入命令、参考等信息的地方。另外,用户通过菜单、功能区执行的命令也会在命令窗口(命令行)中显示。默认情况下,命令窗口(命令行)位于绘图区的下方,用户可通过拖动命令窗口(命令行)在左边框将其移至任意位置。

对当前命令窗口(命令行)中输入的内容可以按"F2"键用文本编辑的二分法进行编辑,如图 1-11 所示。AutoCAD 文本窗口和命令行窗口相似,可以显示当前 AutoCAD 进程中命令的输入和执行过程,在执行 AutoCAD 某些命令时,会自动切换到文本窗口,列出有关信息。

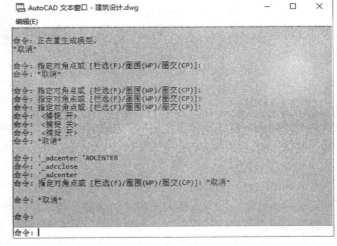

图 1-11　命令窗口(命令行)

八、状态栏和滚动条

1. 状态栏

状态栏位于工作界面的最低端,用于显示当前的绘图状态。状态栏最左端显示"模型"按钮,单击"模型"按钮可在模型空间和图纸空间进行切换。其后是"栅格模式""捕捉模式""正交模式""极轴追踪""等轴测草图""对象捕捉""显示注释对象""切换工作空间""注释监视器""隔离对象"

"硬件加速""全屏显示""自定义"等具有绘图辅助功能的按钮，如图 1-12 所示。

图 1-12　状态栏

2. 滚动条

滚动条包括水平滚动条和垂直滚动条，用于上下或左右移动绘图窗口内的图形。用鼠标拖动滚动条中的滑块或单击滚动条两侧的三角按钮，即可移动图形。

第三节　AutoCAD 2020 的基本操作

一、AutoCAD 2020 的命令操作

（一）执行命令的方式

在 AutoCAD 2020 中，执行命令的方式有很多。最常用的方式主要包括通过菜单方式执行命令、单击工具按钮、在命令行中输入命令或使用快捷方式等。

1. 使用菜单命令

在 AutoCAD 2020 中，菜单栏在"AutoCAD 经典"工作空间的界面中是默认的，而在"草图与注释""三维基础""三维建模"工作空间的界面中，菜单栏是隐藏的，用户可根据个人习惯将菜单栏显示出来。

菜单栏中汇集了绘图等众多功能命令。单击菜单栏中某一菜单选项，在出现的下拉菜单（有些选项可以出现若干级子菜单）中选取需要操作的命令选项，命令执行后，再进行命令操作参数响应。

利用这种命令启动操作方式，可以启动 AutoCAD 系统的绘图命令、编辑命令、标注命令，同时，也可以启动图形显示、图形文件管理及其他操作命令。

2. 单击工具按钮

在 AutoCAD 中，单击位于工具栏和功能区相关面板中的工具按钮可以较为方便地执行相关命令，这种执行命令的方式通常还需要结合键盘和鼠标进行命令操作的参数响应。

利用这种命令启动操作方式，可以启动 AutoCAD 系统大部分常用的绘图命令。尽管这种操作方式对于命令启动具有一定的局限性，但是这种操作方式简便、快捷且便于掌握。

3. 命令行输入

在命令行中执行命令是 AutoCAD 最经典的操作方式，也是其特别之处。使用该方法比较快捷、简便，也是 AutoCAD 用户首选的方法。

在命令行中输入命令语句或简化命令语句，然后按"Enter"键即可执行该命令。执行命令后，AutoCAD 系统将立即做出响应，由用户根据命令行提示进行余下的操作。

执行命令后，用户可以使用下列方法之一响应其他提示和选项：

（1）按"Enter"键，接受显示在命令行尖括号中的默认选项。

（2）输入值或单击图形中的某个位置。

（3）在命令行中输入与所需提示选项对应的亮显字母，然后按"Enter"键；或用鼠标单击命令行中显示的所需提示选项。

另外，在 AutoCAD 2020 中，命令行处于等待状态下时，也可以直接输入需要的命令（即不必将光标定位在命令行中），然后按"Enter"键执行相关命令。

（二）退出或重复命令

在用 AutoCAD 绘制图形的过程中，经常要使用退出或重复命令。

1. 退出正在执行的命令

在执行某个绘图命令时，按"Esc"键或"Enter"键即可退出正在执行的命令。按"Esc"键时，可以取消并结束命令；按"Enter"键时，则确定命令的执行并结束命令。另外，在 AutoCAD 中，除创建文字内容外，为了方便操作，可以使用"Space"键代替"Enter"键来表示确定操作。

2. 重复使用最近使用的命令

重复使用最近使用的命令是指完成某一命令后，再次执行该命令。用户可以通过下列几种方法实现：

（1）当某一命令执行完毕后，再次按"Enter"键，即可重复执行前一次执行的命令。

（2）在命令行中单击并按"↑"或"↓"键，命令行中将依次显示以前在命令行中所输入的命令或数值，当出现用户需要重复执行的命令后，按下"Enter"键即可执行该命令。

（3）单击命令文本框左侧的"近期使用的命令"按钮，或在命令行中单击鼠标右键并选择"最近使用的命令"。

另外，AutoCAD 还提供了用于重复操作的快捷方式，即在绘图区单击鼠标右键，在弹出的快捷菜单中选择"重复＊＊"命令（＊＊为上一命令的名称）或从"最近的输入"列表中选择一个命令。

（三）放弃与重做命令

1. 放弃

"放弃"命令是指撤销上一次的操作。当使用 AutoCAD 绘制或编辑图形时，若出现错误，可以使用"放弃"命令撤销前面的错误操作。要撤销上一次操作，有下列几种方法：

（1）单击"标准"工具栏中的"放弃"按钮 ↺ 。

（2）在菜单栏中选择"编辑"→"放弃"命令。

（3）在无命令执行或无对象选定的情况下，在绘图区单击鼠标右键，在弹出的快捷菜单中选择"放弃"命令。

（4）在命令行中输入"U"或"UNDO"，并按"Enter"键或"Space"键，即可撤销上一次或前几次执行的命令。需要注意的是，"U"命令只能一次撤销一次错误操作，"UNDO"命令可以一次性撤销多次错误操作。

（5）按"Ctrl"＋"Z"组合键。

2. 重做

"重做"命令是指恢复前面几个已撤销命令放弃的效果，用户可以通过下列几种方法来实现：

（1）单击"标准"工具栏中的"重做"按钮 ↻ 。

（2）在菜单栏中选择"编辑"→"重做"命令。

（3）在命令行中输入"REDO"或"MREDO"，并按"Enter"键或"Space"键，即可恢复已撤销的操作。

（4）按"Ctrl"＋"Y"组合键。

二、鼠标操作

1. 单击鼠标右键

在操作界面上的不同位置单击鼠标右键，可以获得不同的选项。

在绘图区单击鼠标右键，可以得到如图1-13所示的快捷菜单，显示内容包括最后使用过的命令、常用的命令、撤销操作、视窗平移等。

在命令行单击鼠标右键可以得到如图1-14所示的快捷菜单，显示内容是最近使用过的命令及选项等。

同理，在状态栏空白处位置、模型和布局处单击鼠标右键，可以得到不同的快捷菜单。

图1-13　在绘图区单击鼠标

图1-14　在命令行窗口单击鼠标

2. 拖动

移动光标到面板或对话框的标题栏，按住鼠标左键并拖动，可以将工具栏或对话框移动到其他位置。

将光标放在用户界面的滚动条上，拖动滑块可以滚动当前屏幕视窗。

3. 中间滚轮

将光标移动到绘图区域中，转动滚轮，图形显示将以该点为中心放大或缩小。按住鼠标中间滚轮，则变为平移工具，可以将视图上下或左右平移进行观察。

三、AutoCAD 2020 常用快捷键

AutoCAD 2020 常用快捷键见表1-1。

表1-1　AutoCAD 2020 常用快捷键

快捷键	功能	快捷键	功能
F1	获取帮助	Ctrl+Shift+I	切换推断约束(仅限于 AutoCAD)
F2	当"命令行"窗口是浮动时，展开"命令行"历史记录，或当"命令行"窗口是固定时，显示"文本"窗口	Ctrl+J	重复上一个命令
F3	切换 OSNAP	Ctrl+K	插入超链接
F4	切换 TABMODE	Ctrl+L	切换正交模式
F5	切换 ISOPLANE	Ctrl+Shift+L	选择以前选定的对象

快捷键	功能	快捷键	功能
F6	切换 UCSDETECT（仅限于 AutoCAD）	Ctrl+M	重复上一个命令
F7	切换 GRIDMODE	Ctrl+N	创建新图形
F8	切换 ORTHOMODE	Ctrl+O	打开现有图形
F9	切换 SNAPMODE	Ctrl+P	打印当前图形
F10	切换"极轴追踪"	Ctrl+Shift+P	切换"快捷特性"界面
F11	切换对象捕捉追踪	Ctrl+Q	退出应用程序
F12	切换"动态输入"	Ctrl+R	循环浏览当前布局中的视口
Ctrl+0	切换"全屏显示"	Ctrl+S	保存当前图形
Ctrl+1	切换特性选项板	Ctrl+Shift+S	显示"另存为"对话框
Ctrl+2	切换设计中心	Ctrl+T	切换数字化仪模式
Ctrl+3	切换"工具选项板"窗口	Ctrl+V	粘贴 Windows 剪贴板中的数据
Ctrl+4	切换"图纸集管理器"	Ctrl+Shift+V	将 Windows 剪贴板中的数据作为块进行粘贴
Ctrl+6	切换"数据库连接管理器"（仅限于 AutoCAD）	Ctrl+W	切换选择循环
Ctrl+7	切换"标记集管理器"	Ctrl+X	将对象从当前图形剪切到 Windows 剪贴板中
Ctrl+8	切换"快速计算器"选项板	Ctrl+Y	取消前面的"放弃"动作
Ctrl+9	切换"命令行"窗口	Ctrl+Z	恢复上一个动作
Ctrl+A	选择图形中未锁定或冻结的所有对象	Ctrl+[	取消当前命令
Ctrl+Shift+A	切换组	Ctrl+\	取消当前命令
Ctrl+B	切换捕捉	Ctrl+PgUp	移动到上一个布局选项卡
Ctrl+C	将对象复制到 Windows 剪贴板	Ctrl+PgDn	移动到下一个布局选项卡
Ctrl+Shift+C	使用基点将对象复制到 Windows 剪贴板	Ctrl+F2	显示文本窗口
Ctrl+D	切换动态 UCS（仅限于 AutoCAD）	Alt+F8	显示"宏"对话框（仅限于 AutoCAD）
Ctrl+E	在等轴测平面之间循环	Alt+F11	显示"VisualBasic 编辑器"（仅限于 AutoCAD）
Ctrl+F	切换执行对象捕捉	Shift+F1	子对象选择未过滤（仅限于 AutoCAD）
Ctrl+G	切换栅格	Shift+F2	子对象选择受限于顶点（仅限于 AutoCAD）
Ctrl+H	切换 PICKSTYLE	Shift+F3	子对象选择受限于边（仅限于 AutoCAD）
Ctrl+Shift+H	使用 HIDEPALETTES 和 SHOWPALETTES 切换选项板的显示	Shift+F4	子对象选择受限于面（仅限于 AutoCAD）
Ctrl+I	切换坐标显示（仅限于 AutoCAD）	Shift+F5	子对象选择受限于对象的实体历史记录（仅限于 AutoCAD）

第四节　AutoCAD 2020 的文件管理

文件的管理包括新建图形文件、打开图形文件、保存图形文件、关闭图形文件等操作。

一、新建图形文件

1. 执行方式

启动 AutoCAD 2020 应用程序时，系统会自动新建一个名为 Drawing1.dwg 的新图形文件。用户可以随时创建新的图形文件，具体方法如下：

(1)在菜单栏中选择"文件"→"新建"命令。

(2)单击"应用程序"按钮 ，打开应用程序菜单，并选择"新建"命令。

(3)在"快速访问"工具栏中单击"新建"按钮 。

(4)在命令行输入"NEW"后按"Enter"键。

(5)调出"标准"工具栏，单击"新建"按钮 。

(6)按"Ctrl"＋"N"组合键。

2. 操作格式

通过使用以上任意一种方式进行操作后，系统弹出如图 1-15 所示的"选择样板"对话框，在文件类型下拉列表框中有三种格式的图形样板，分别是后缀为 dwt、dwg、dws 的三种图形样板。一般情况下，dwt 文件是标准的样板文件，通常将一些规定的标准性样板文件设成 dwt 文件；dwg 文件是普通的样板文件；而 dws 文件是包含标准图层、标注样式、线型和文字样式的样板文件。

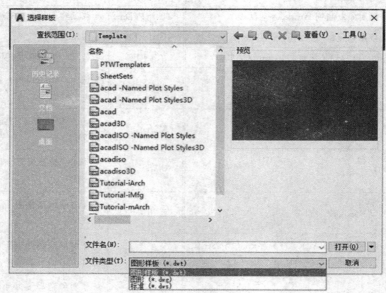

图 1-15　"选择样板"对话框

二、打开图形文件

1. 执行方式

(1)在菜单栏中选择"文件"→"打开"命令。

(2)单击"应用程序"按钮，打开应用程序菜单，并选择"打开"命令。

(3)在"快速访问"工具栏中单击"打开"按钮。

(4)在命令行输入"OPEN"后按"Enter"键。

(5)调出"标准"工具栏，单击"打开"按钮。

(6)按"Ctrl"+"O"组合键。

2. 操作格式

通过使用以上任意一种方式进行操作后，系统会弹出一个"选择文件"对话框，如图1-16所示。单击文件列表中的文件名（文件类型为.dwg），或输入文件名（不需要后缀），然后单击"打开"按钮，即可打开一个图形。

图1-16 "选择文件"对话框

在"选择文件"对话框中利用"搜索"下拉列表可以浏览、搜索图形，或利用"工具"菜单中的"查找"命令，通过设置条件查找图形文件。

"选择文件"对话框中共有四种打开方式，其含义如下：

(1)打开：直接打开所选的图形文件。

(2)以只读方式打开：所选的AutoCAD文件将以只读方式打开，打开后的AutoCAD文件不能以原文件名保存。

(3)局部打开：选择该选项后，系统将弹出如图1-17所示的"局部打开"对话框。在该对话框中显示了可用的要加载几何图形的视图和图层。在AutoCAD文件较大的情况下，采用该方式能打开较少的几何图形，可以提高工作效率。局部打开图形时，所有命名对象（包括块、标注样式、图层、布局、线型、文字样式等）及指定的几何图形将加载到文件中。

(4)以只读方式局部打开：以只读方式打开AutoCAD文件的部分视图和图层。

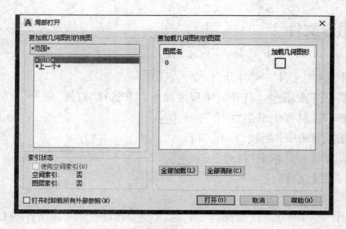

图 1-17　"局部打开"对话框

三、保存图形文件

1. 执行方式

(1)在菜单栏中选择"文件"→"保存"命令。

(2)单击"应用程序"按钮▲，打开应用程序菜单，并选择"保存"命令。

(3)在"快速访问"工具栏中单击"保存"按钮圖。

(4)在命令行输入"SAVE"后按"Enter"键。

(5)调出"标准"工具栏，单击"保存"按钮圖。

(6)按"Ctrl"＋"S"组合键。

2. 操作格式

当使用以上任意一种方式操作后，系统会将当前图形直接以原文件名保存。如果当前图形没有命名(即为默认名 Drawing*n*. dwg)，则会弹出"图形另存为"对话框，如图 1-18 所示。利用该对话框可以选择保存位置、文件类型及输入文件名等。"图形另存为"命令可以将文件保存为 dwg、dxf、dwt 格式。

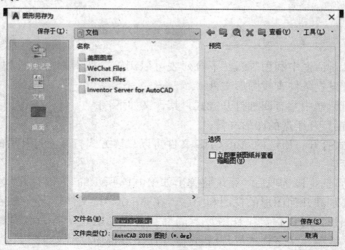

图 1-18　"图形另存为"对话框

如果已经命名并保存了图形文件，则使用上述任一种方式操作后，系统会直接以原路径及原文件名保存图形文件所做的任何修改并重新显示命令提示。如果需要对修改的图形文件进行重新命名或修改图形文件保存位置，则需要选择"文件"→"另存为"命令，在弹出的"图形另存为"对话框中重新设置文件的保存位置、文件名或文件类型，再单击"保存"按钮。

四、关闭图形文件

要关闭图形文件，可以单击"应用程序"按钮，打开应用程序菜单，并选择"关闭"命令，或者将光标移至应用程序菜单的"关闭"命令上，系统将自动展开其级联菜单，然后在级联菜单中选择"当前图形"命令。如果自上次保存图形后又进行过修改，那么，关闭图形文件时，系统将提示是否进行保存修改；若在级联菜单中选择"所有图形"命令，则可以关闭当前打开的所有图形文件。

第五节　AutoCAD 坐标系统

一、坐标系统

为了绘制精确的图形，很多时候需要精确地输入点的坐标，AutoCAD 提供了精确确定图形对象位置及方向的坐标系统，包括笛卡尔坐标系统、世界坐标系统（WCS）和用户坐标系统（UCS）。

1. 笛卡尔坐标系统

只要确定一个点的三维坐标值，就能够确定该点的空间位置。AutoCAD 采用笛卡尔坐标系统来定位。用户启动 AutoCAD 应用程序后，将自动进入笛卡尔右手坐标系统的第一象限，也就是世界坐标系统（WCS）。在 AutoCAD 工作界面状态栏中显示的三维数值，即为当前十字光标在笛卡尔坐标系统中的三维坐标。AutoCAD 系统在默认状态下，用户只能看到一个二维平面直角坐标系统，即只有 X 轴和 Y 轴的坐标不断变化，而 Z 轴坐标一直为零。因此，在二维平面上绘制和修改图形时，只需输入 X 轴和 Y 轴的坐标即可，Z 轴坐标由系统自定义为零。

2. 世界坐标系统（WCS）

世界坐标系统（WCS）是 AutoCAD 绘制和修改图形的基本坐标系统，也是进入 AutoCAD 系统后的默认坐标系统。世界坐标系统（WCS）由三个正交于原点的坐标轴（X 轴、Y 轴和 Z 轴）组成。世界坐标系统（WCS）与笛卡尔坐标系统一样，坐标原点和坐标轴是固定的，不会随着用户的操作而发生变化。世界坐标系统（WCS）默认 X 轴正方向为水平向右，Y 轴正方向为垂直向上，Z 轴正方向为垂直于屏幕指向用户。坐标原点在绘图区左下角，系统默认 Z 轴坐标值为零。如果用户没有另外设定 Z 轴坐标值，则所绘图形只是 XY 平面的二维图形。图 1-19 所示为启动 AutoCAD 2020 应用程序后，在绘图区左下角显示的世界坐标系统（WCS）图标。

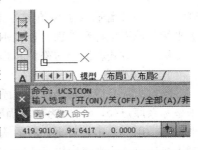

图 1-19　世界坐标系统（WCS）图标

3. 用户坐标系统(UCS)

为了方便用户绘制图形，AutoCAD 提供了可变的用户坐标系统(UCS)。在默认状态下，用户坐标系统(UCS)与世界坐标系统(WCS)是重合的。当进行一些复杂的实体造型时，用户可根据具体需要，通过 UCS 命令设置适合当前图形应用的坐标系统。用户坐标系统的 X、Y、Z 轴依然互相垂直，但其方向和位置可以任意指定，具有很大的灵活性。

用户可以在绘图过程中根据具体情况定义用户坐标系统(UCS)，也可按下列方法取消坐标系统图标在绘图区的显示：

(1)在功能区的"视图"选项卡下，单击"坐标"选项板右下角的箭头▣，将弹出如图 1-20 所示的"UCS"对话框，打开"设置"选项卡，在"UCS 图标设置"选项组中将"开(O)"复选框前的勾选去掉。

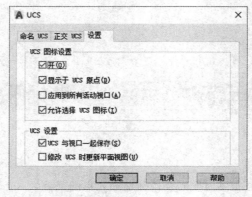

图 1-20 "UCS"对话框

注意：默认情况下，"坐标"面板在"草图与注释"工作空间中处于隐藏状态，要显示"坐标"面板，应单击"视图"选项卡，然后单击鼠标右键并选择"显示面板"，并勾选"坐标"选项。在三维工作空间中，"坐标"面板位于"常用"选项卡上。

(2)在命令行中输入"UCSICON"，并按"Enter"键或"Space"键确认，然后输入"OFF"并按"Enter"键或"Space"键确认。

(3)在菜单栏的"视图"菜单中，选择"显示"→"UCS 图标"→"开(O)"命令。

二、坐标数据输入

在用 AutoCAD 绘图时，用户可以使用鼠标直接确定坐标点，但不是很精确。要精确定位，则需要采用键盘输入坐标值的方式来实现。在 AutoCAD 2020 中，点的坐标可以用直角坐标、极坐标、球面坐标和柱面坐标表示，其中直角坐标和极坐标最为常用，每一种坐标又分别有两种坐标输入方式，即绝对坐标和相对坐标。下面主要介绍它们的输入方法。

1. 绝对坐标

绝对坐标是以当前坐标系统原点为输入坐标值的基准点，输入点的 X、Y、Z 坐标都是相对于坐标系原点(0，0，0)为基准确定的。在二维图形中，系统自定义 $Z=0$，无须再输入 Z 轴的坐标值。用户采用绝对坐标时的输入格式为"X，Y"。例如，在命令行中输入点的坐标提示下，输入"15，18"，则表示输入了一个 X、Y 的坐标值分别为 15、18 的点，如图 1-21(a)所示。

2. 相对坐标

相对坐标是以前一个点为参照点，输入点的坐标值是以前一点为基准确定的。在二维图形中，用户采用相对坐标时的输入格式为"@X，Y"。例如，假设前一点的坐标为(10，8)，通过键盘输入相对坐标"@10，20"，则等于输入了绝对坐标(10+10，8+20)，即(20，28)这个点，如图1-21(b)所示。

3. 绝对极坐标

绝对极坐标是以原点为极点，输入相对于极点的距离和角度来定位的。用户采用绝对极坐标时的输入格式为"距离<角度"。例如，用户输入"25<50"，表示该点至原点的长度为25，而该点与极点的连线与0°方向之间的夹角为50°，如图1-21(c)所示。系统在默认状态下，角度按逆时针方向增大，按顺时针方向减小。若要指定顺时针方向，则角度输入负值。

4. 相对极坐标

相对极坐标是以前一个点为极点，输入相对于前一点的距离和偏转角度来定位。用户采用相对极坐标时的输入格式为"@距离<角度"。例如，用户输入"@25<45"，表示该点到前一点的距离为25，该点至前一点的连线与0°方向之间的夹角为45°，如图1-21(d)所示。

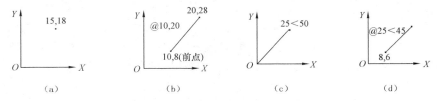

图1-21　坐标数据输入

(a)绝对坐标；(b)相对坐标；(c)绝对极坐标；(d)相对极坐标

另外，在绘图过程中不是自始至终只能使用一种坐标模式，而可将多种坐标模式混合使用。用户可以根据绘图的实际情况选择最为有效的坐标方式，例如，可以从绝对坐标开始，然后改为相对极坐标、相对坐标等。

三、动态输入

单击状态栏上的按钮，系统打开动态输入功能，可以在屏幕上动态地输入某些参数。例如，绘制直线时，在光标附近会动态地显示"指定第一点"及后面的坐标框，当前显示的是光标所在位置，可以输入数据，两个数据之间以逗号隔开，如图1-22所示。指定第一点后，系统动态显示直线的角度，同时要求输入线段长度值，如图1-23所示，其输入效果与"@长度<角度"方式相同。

图1-22　动态输入坐标值　　　　　　　**图1-23　动态输入长度值**

当启用了"动态输入"后，在工具提示中输入的第二个点和后续点的坐标系统默认为相对坐标，因而在工具提示中输入相对坐标时可以省略"@"符号的输入；如果在工具提示中需要输入绝对坐标，则可以使用"#"前缀来指定绝对坐标，例如，输入"#3＜45"指定一点，此点距离原点有 3 个单位，并且与 X 轴成 45°角。如果是在命令行而不是在工具提示中输入坐标，则可以不使用#前缀。

第六节　绘图环境设置

在使用 AutoCAD 2020 绘图前，经常需要对绘图环境的某些参数进行协调设置，以适应个人及工程的需要。设置绘图环境主要包括对图形单位、图形界限进行合理设置，以及改变图形窗口颜色、自动保存时间等。

一、图形单位设置

AutoCAD 使用的图形单位包括毫米、厘米、英尺、英寸等十多种，可满足不同行业的绘图需要。在使用 AutoCAD 绘图前，应根据设计需要改变默认的图形单位设置。

1. 执行方式

(1)在菜单栏中选择"格式"→"单位"命令。

(2)在命令行输入"UNITS"（或快捷命令：UN)后按"Enter"键。

2. 操作格式

通过使用以上任意一种方式进行操作后，系统将弹出如图 1-24 所示的"图形单位"对话框，通过该对话框可以对图形单位进行设置。

(1)"长度"选项组。用于设置长度类型和精度。其中"类型"下拉列表中，可以选择当前测量单位的格式，包括"建筑""小数""工程""分数"和"科学"；"精度"下拉列表框中可以选择当前长度单位的精度。

(2)"角度"选项组。用于指定当前角度格式和当前角度显示的精度。其中"类型"下拉列表框中，可以选择角度单位的格式，包括"百分度""度/分/秒""弧度""勘测单位"和"十进制度数"；"精度"下拉列表框中可选择角度单位的精度。系统默认不选中"顺时针(C)"复选框，即角度的正方向为逆时针方向；若选中该复选框，则角度的正方向为顺时针方向。

(3)"插入时的缩放单位"选项组。用于控制插入当前图形中的块和图形的单位。如果块或图形创建时使用的单位与该选项指定的单位不同，则在插入这些块或图形时，将对其按比例缩放。插入比例是源块或图形使用的单位与目标图形使用的单位之比。如果插入块时不按指定单位缩放，则选择"无单位"选项。应注意的是，当源块或目标图形中的"插入比例"设定为"无单位"时，将使用"选项"对话框的"用户系统配置"选项卡中的"源内容单位"和"目标图形单位"设置。

(4)"输出样例"选项组。用于显示用当前单位和角度设置的例子。

(5)"光源"选项组。用于指定光源强度的单位，下拉列表框中可供选择的选项包括"国际""美国"和"常规"。应注意的是，为创建和使用光度控制光源，必须从选项列表中指定非"常规"的单位。如果"插入比例"设定为"无单位"，则将显示警告信息，通知用户渲染输出可能不正确。

(6)"方向"按钮。单击"图形单位"对话框中的"方向"按钮，将弹出如图 1-25 所示的"方向控制"对话框。利用该对话框可以设置"基准角度"。

图1-24 "图形单位"对话框   图1-25 "方向控制"对话框

二、图形界限设置

AutoCAD 系统中绘图区在理论上是无限大的。为了绘图方便，通常在绘图前设置好图形界限。图形界限是设置在绘图空间想象的矩形绘图区域，当图形界限边界检验功能处于打开状态时，一旦绘制的某个图形超出绘图界限，系统将提示用户绘制的图形超出了图形界限，并且不予响应；反之，当图形界限边界检验功能关闭时，用户绘制图形将不受边界限制。

设置绘图单位后，在菜单栏中选择"格式"→"图形界限"命令或在命令行中输入"LIMITS"，此时命令行窗口中将提示用户输入图形左下角点和右上角点，以确定图幅的大小。

【例1-1】 用 LIMITS 命令设定图形界限为 841 mm×594 mm（A1 图纸），并打开边界检验功能。

【解】命令：LIMITS↙

重新设置模型空间界限：

指定左下角点或［开(ON)/关(OFF)］〈0.0000, 0.0000〉：↙   (按"Enter"键)

指定右上角点〈420.0000, 297.0000〉：841, 594↙   (输入"841, 594")

命令：LIMITS↙

重新设置模型空间界限：

指定左下角点或［开(ON)/关(OFF)］〈0.0000, 0.0000〉：ON↙   (在该提示下，打开边界检验功能)

三、图形窗口颜色设置

在 AutoCAD 2020 的"图形窗口颜色"对话框中，用户可以根据自己的个人习惯和喜好设置图形窗口的颜色，如命令行颜色、绘图区颜色、十字光标、格栅线颜色等。改变图形窗口颜色的操作步骤如下：

(1)在菜单栏中选择"工具"→"选项"命令，或在命令行中输入"OPTIONS"，弹出如图 1-26 所示的"选项"对话框。

(2)单击"显示"标签，打开"显示"选项卡，如图 1-26 所示。

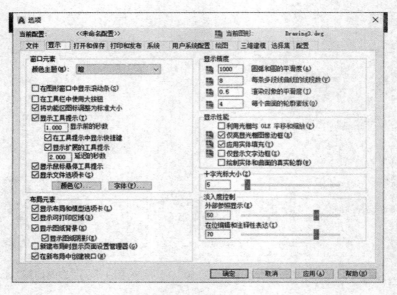

图 1-26 "选项"对话框

（3）在"显示"选项卡中的"窗口元素"选项组中单击"颜色"按钮，弹出如图 1-27 所示的"图形窗口颜色"对话框。

（4）在"图形窗口颜色"对话框的"上下文"和"界面元素"选项组中选择需要调整的内容，再从"颜色"下拉列表框中选择某种颜色，单击"应用并关闭"按钮。

另外，在命令行中单击鼠标右键，或者在未激活任何命令并且未选定任何对象时，在绘图区中单击鼠标右键，然后单击"选项"按钮也可实现。

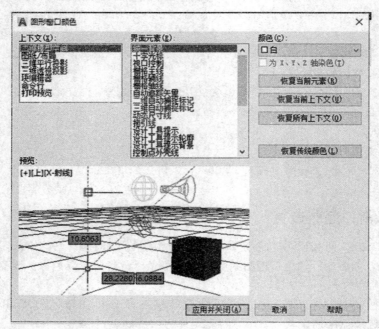

图 1-27 "图形窗口颜色"对话框

四、文件自动保存时间和位置设置

在 AutoCAD 中，用户可以设置文件自动保存的时间和位置。在绘制图形过程中，通过开启文件自动保存功能，可以防止用户在绘图时因意外造成的文件丢失，将损失降至最低。设置文件自动保存时间和位置的步骤如下：

（1）在菜单栏中选择"工具"→"选项"命令或在命令行中输入"OPTIONS"，弹出"选项"对话框。

（2）单击"打开和保存"标签，打开"打开和保存"选项卡，如图 1-28 所示。

（3）在"文件安全措施"选项组中选中"自动保存"复选框，在其下方的文本框中输入自动保存的间隔分钟数。

（4）在"文件安全措施"选项组的"临时文件的扩展名"文本框中，可以改变临时文件的扩展名，默认为 ac $ 。

（5）单击"文件"标签，打开"文件"选项卡，在"自动保存文件位置"中可设置自动保存文件的路径，单击"浏览"按钮修改自动保存文件的存储位置。

（6）单击"确定"按钮。

图 1-28 "打开和保存"选项卡

第七节 上机操作

【操作 1】 熟练操作 AutoCAD 2020 的用户界面。

（1）用三种方式启动 AutoCAD 2020 的用户界面。

（2）调整图形界面大小。

（3）设置图形单位。

（4）设置绘图窗口的颜色。

（5）退出 AutoCAD 2020 的界面。

【操作2】 熟悉图形文件的管理。

（1）启动 AutoCAD 2020，新建图形文件。

（2）保存新建的图形文件并关闭。

（3）打开已有的图形文件。

（4）更改文件名，使用"另存为"命令保存文件。

本章小结

本章主要介绍了 AutoCAD 2020 的启动和退出、AutoCAD 2020 的用户界面及 AutoCAD 2020 的文件管理、坐标系统、绘图环境、绘图辅助工具、视图图形显示控制等几方面的内容。

1. 为使 AutoCAD 2020 的优越性能得到充分发挥，应采用高档次的处理器，至少配置 2 GBRAM（推荐使用 4 GB）、6 GB 的可用磁盘空间用于安装，显示器分辨率为 1 024×768 真彩色（推荐 1 600×1 050），并且配置光驱和鼠标。

2. AutoCAD 2020 支持多文档环境，AutoCAD 2020 工作空间的用户界面包括菜单浏览器、快速访问工具栏、状态栏、功能区、绘图区等。

3. AutoCAD 2020 的文件管理包括新建图形文件、打开图形文件、保存图形文件等。

4. AutoCAD 2020 提供了精确确定图形对象位置及方向的坐标系统，包括世界坐标系（WCS）和用户坐标系统（UCS）。

思考与练习

1. 简述 AutoCAD 在建筑设计中的应用。

2. 指出 AutoCAD 2020 操作界面中菜单浏览器、标题栏、菜单栏、命令行、状态栏的位置。

3. AutoCAD 2020 有哪几种退出方式？

4. AutoCAD 2020 文件的管理包括哪些内容？

5. 怎样设置文件自动保存时间？

6. AutoCAD 执行命令的方式有哪些？

7. 常用的快捷键及其功能有哪些？

8. 在 AutoCAD 2020 中点的坐标可以用哪些坐标表示？各具有哪些输入方式？

9. 如何设置图形单位和图形界限？

第二章 AutoCAD 2020 绘图基础

学习目标

通过对本章内容的学习，掌握绘制点、直线、射线、构造线、多线、多线段、圆、圆环及平面图形(圆、圆环、椭圆、椭圆弧、矩形、正多边形)的方法，掌握图案填充的操作方式。

教学重点

1. 绘制点和直线的操作方式。
2. 绘制平面图形的操作方式。
3. 图案填充的概念。
4. 图案填充的操作方式。

第一节　绘制点、线和构造线

一、点

在 AutoCAD 2020 中，点为实体，用户可以像创建直线图等图形一样创建点，其具有各种实体属性，也可以被编辑。

(一)绘制点的命令

在 AutoCAD 2020 中，启动绘制点的命令方式主要有以下几种：

(1)在"绘图"下拉菜单中，选中"点"选项，如图 2-1 所示。

(2)在"绘图"栏中单击"点"按钮 ，如图 2-2 所示。

(3)在功能区"绘图"下拉菜单中，单击"多点"按钮 ，如图 2-3 所示。

(二)设置点的样式

点对象一般起标记和参考作用。在 AutoCAD 中，默认状态下绘制的点在屏幕中以极小的圆点显示。为了使绘制的点在屏幕中清晰可见，用户在绘制点对象之前可通过以下方法对点的样式进行设置。

(1)在菜单栏中选择"格式"→"点样式"命令。

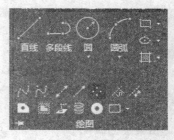

图 2-1　选项菜单命令　　　　图 2-2　点击工具栏　　　　图 2-3　点击功能区

（2）在命令行中输入"DDPTYPE"后按"Enter"键。

使用以上任意一种方式进行操作后，系统将弹出"点样式"对话框，如图 2-4 所示。

在该对话框中，用户可以选取自己所需要的点的显示样式，并在"点大小"文本框中设置点显示的大小。如果选中"相对于屏幕设置大小"单选按钮，则按照屏幕大小尺寸的百分比设置点的显示大小，当进行缩放时，点的显示大小并不改变。如果选中"按绝对单位设置大小"单选按钮，则按照在"点大小"文本框中实际单位输入的值定义点显示的大小，当进行缩放时，显示的点大小会随之改变。

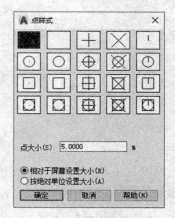

图 2-4　"点样式"对话框

（三）点的绘制

（1）在"绘图"工具栏中单击"点"按钮后，命令行出现提示：

指定点：　　　　　　　　　　　（该命令下要求输入或用光标确定点的位置，确定一点后，便在该点处出现一个点的实体）

（2）在菜单栏中选择"绘图"→"点"命令，弹出子菜单，其中列出了 4 种点的操作方法，现分别介绍如下：

1）单点：画单个点。

2）多点：连续画多个点。

3）定数等分：在对象上按照给定的数目沿着对象的长度或周长创建等间距的点对象或块。

4）定距等分：在对象上以指定间距连续地创建点或插入块。

二、直线

　　绘制直线是通过指定两点来确定一条直线。绘制时既可以绘制连续的直线段，也可以将第一条线段至最后一条线段连接起来，将一系列线段闭合成多边形。如果要精确指定每条直线端点的位置，可以使用绝对坐标或相对坐标输入端点的坐标值，或者指定相对于现有对象的对象捕捉，或者打开栅格捕捉并捕捉到所需要的位置。

　　1. 执行方式

　　(1)在菜单栏中选择"绘图"→"直线"命令。

　　(2)在"绘图"工具栏中单击"直线"按钮。

　　(3)在功能区"默认"选项卡的"绘图"面板中单击"直线"按钮。

　　(4)在命令行中输入"LINE"后按"Enter"键。

　　2. 操作格式

命令：LINE

指定第一点：↙　　　　　　　　　　　(输入直线段的起点，用鼠标指定点或者指定点的坐标)

指定下一点或[放弃(U)]：↙　　　　　(输入直线段的端点)

指定下一点或[放弃(U)]：↙　　　　　(输入下一直线段的端点。输入"U"表示放弃前面的输入；单击鼠标右键选择"确认"命令，或按"Enter"键，结束命令)

指定下一点或[闭合(C)/放弃(U)]：↙　(输入下一直线段的端点，或输入"C"使图形闭合，结束命令)

三、射线

　　射线是三维空间中起始于指定点并且向一个方向无限延伸的直线。在 AutoCAD 制图操作中，射线常被用作辅助线。

　　1. 执行方式

　　(1)在菜单栏中选择"绘图"→"射线"命令。

　　(2)在功能区"默认"选项卡"绘图"面板中单击"射线"按钮。

　　(3)在命令行中输入"RAY"后按"Enter"键。

　　2. 操作格式

命令：_ ray

指定起点：↙　　　　　　　　　　　(给出起点)

指定通过点：↙　　　　　　　　　　(给出通过点，画出射线)

指定通过点：↙　　　　　　　　　　(过起点画出另一条射线，右击或按"Enter"键结束命令)

四、构造线

　　构造线是指往两个方向无限延伸的直线，其可以放置在三维空间的任意位置。构造线主要用作绘图时的辅助线，如基准坐标轴。当绘制多视图时，为了保持投影联系，可先画出若干条构造线，再以构造线为基准画图。

1. 执行方式

(1)在菜单栏中选择"绘图"→"构造线"命令。

(2)在"绘图"工具栏中单击"构造线"按钮 。

(3)在功能区"默认"选项卡的"绘图"面板中单击"构造线"按钮 。

(4)在命令行中输入"XLINE"后按"Enter"键。

2. 操作格式

命令：_ xline

指定点或[水平(H)/垂直(V)/角度(A)/二等分(B)/偏移(O)]：✓

            (给出指定点1)

指定通过点：✓   (给定通过点2，绘制一条双向无限长直线)

指定通过点：✓   (继续给定通过点，继续绘制线构造线，右击或按"Enter"键结束)

3. "构造线"命令操作指南

(1)构造线可以模拟手工制图中的辅助作图线。用特殊的线型显示，在绘图输出时可不作输出。

(2)执行选项中有"指定点""水平""垂直""角度""二等分"和"偏移"6种方式绘制构造线，分别如图2-5所示。

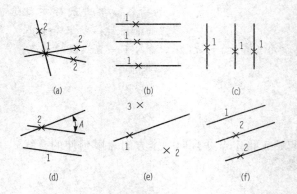

图2-5　构造线

(a)指定点；(b)水平；(c)垂直；(d)角度；(e)二等分；(f)偏移

第二节　多线与多线段

一、多线

多线是工程中常用的一种对象，多线对象由1～16条平行线组成，这些平行线称为元素。绘制多线时，用户可以使用包含两个元素的STANDARD样式，也可以指定一个以前创建的样式。多线的特性包括元素的总数和每个元素的位置、每个元素与多线中间的偏移距离、每个元素的颜色和线型、每个顶点出现的称为 joints 的直线的可见性、使用的端点封口类型以及多线的背景填充颜色。

开始绘制多线之前，可以修改多线的对正和比例。要修改多线及其元素，可以使用通用编辑命令、多线编辑命令和多线样式。

1. 绘制多线

使用多线命令可以同时绘制若干条平行线，大大减轻了用"LINE"命令绘制平行线的工作量。在机械图形绘制中，这条命令常用于绘制厚度均匀零件的剖切面轮廓线或其在某视图上的轮廓线。

（1）执行方式。

1）在菜单栏中选择"绘图"→"多线"命令。

2）命令行中输入"MLINE"后按"Enter"键。

（2）操作方式。

1）在菜单栏中选择"绘图"→"多线"命令后，命令行的提示如下：

命令：_ mline

当前设置：对正= 上，比例= 20.00，样式= STANDARD ↙

指定起点或［对正(J)/比例(S)/样式(ST)］：↙

2）输入第 1 点的坐标值后，命令输入行将提示用户指定下一点（图 2-6）：

指定下一点：↙

指定下一点后，绘图区所显示的图形如图 2-7 所示。

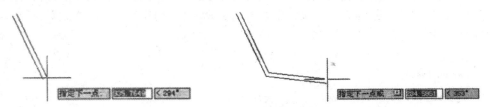

图 2-6 指定起点后绘图区所显示的图形   **图 2-7 指定下一点后绘图区所显示的图形**

3）在"MLINE"命令下，AutoCAD 默认用户画两条多线。命令输入行将提示用户指定下一点或［放弃(U)］：

指定下一点或［放弃(U)］：↙

第 2 条多线从第 1 条多线的终点开始，以刚输入的点坐标为终点，绘制完成后单击鼠标右键或按"Enter"键后结束。绘制的图形如图 2-8 所示。

执行"MLINE"命令时出现的选择命令包括"对正(J)""比例(S)""样式(ST)"，其具体含义如下：

①对正：用于控制多线相对于用户输入端点的偏移位置。对正的类型有"上(T)""无(Z)"和"下(B)"。当选择对正的类型为"上(T)"时，上端对正，即在光标下方绘制

图 2-8 用"MLINE"命令绘制的多线

多线，在指定点处将会出现具有最大正偏移值的直线；当选择对正的类型为"无(Z)"时，则将光标作为原点绘制多线；当选择对正的类型为"下(B)"时，则在光标上方绘制多线，在指定点处将会出现具有最大负偏移值的直线。

②比例：用于控制多线的全局宽度。该比例不影响线型比例。这个比例是基于在多线样式定义中建立的宽度。当以比例因子为2绘制多线时，其宽度是样式定义的宽度的两倍。负比例因子将翻转偏移线的次序，当从左至右绘制多线时，偏移最小的多线绘制在顶部。负比例因子的绝对值也会影响比例。比例因子为0时，将使多线变为单一的直线。

③样式：指定已加载的样式名或创建的多线库文件中已定义的样式名。

2. 创建多线样式

在绘制多线之前，一般可以先根据设计要求在图形中创建和保存所需的多线样式。多线样式用于控制多线中直线元素的数目、颜色、线型、线宽及每个元素的偏移量，还可以修改合并的显示、端点封口和背景填充。

（1）执行方式。在命令行中输入"MLSTYLE"后按"Enter"键，或者在菜单栏中选择"格式"→"多线样式"命令，执行此命令后，系统弹出如图2-9所示的"多线样式"对话框。

（2）选项说明。在"多线样式"对话框中可以对多线进行编辑工作，如新建、修改、重命名、删除、加载、保存等。

1）当前多线样式。显示当前多线样式的名称，该样式将在后续创建的多线中用到。

2）样式。显示已加载到图形中的多线样式列表。多线样式列表可包括存在于外部参照图形中的多线样式。

3）预览。显示选定多线样式的名称和图像。

4）置为当前。设置用于后续创建多线样式的当前多线样式。从"样式"列表中选择一个名称，然后单击"置为当前"按钮。需要注意的是，不能将外部参照中的多线样式设定为当前样式。

5）新建。单击"新建"按钮，系统弹出如图2-10所示的"创建新的多线样式"对话框，从中可以创建新的多线样式。

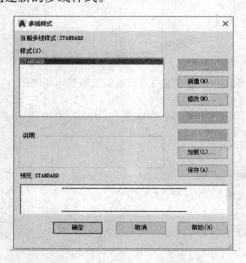

图2-9 "多线样式"对话框

图2-10 "创建新的多线样式"对话框

①新样式名。命名新的多线样式。只有输入新名称并单击"继续"按钮，元素和多线特征才可用。

②基础样式。确定要用于创建新多线样式的多线样式。

③继续。为新的多线样式命名后，单击"继续"按钮，弹出如图2-11所示的"新建多线样式：××"对话框。

"新建多线样式：××"对话框中各选项含义如下：

a."说明"：为多线样式添加说明。最多可以输入 255 个字符（包括空格）。

b."封口"选项组：控制多线起点和端点封口。

c."直线"：显示穿过多线每一端的直线线段，如图 2-12 所示。

d."外弧"：显示多线的最外端元素之间的圆弧，如图 2-13 所示。

e."内弧"：显示成对的内部元素之间的圆

图 2-11　"新建多线样式：××"对话框

弧。如果有奇数个元素，中心线将不被连接。例如，如果有 6 个元素，内弧连接元素 2 和 5、元素 3 和 4。如果有 7 个元素，内弧连接元素 2 和 6、元素 3 和 5；元素 4 不连接，如图 2-14 所示。

f."角度"：指定端点封口的角度，如图 2-15 所示。

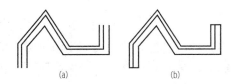

图 2-12　穿过多线每一端的直线线段
（a)无直线；(b)有直线

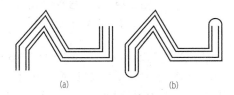

图 2-13　多线的最外端元素之间的圆弧
（a)无"外弧"；(b)有"外弧"

图 2-14　成对的内部元素之间的圆弧图
（a)无"内弧"；(b)有"内弧"

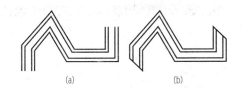

图 2-15　指定端点封口的角度
（a)无"角度"；(b)有"角度"

g."填充颜色"：设置多线的背景填充色。图 2-16 所示为"填充颜色"下拉列表框。

h."显示连接"：控制每条多线线段顶点处连接的显示，接头也称为斜接，如图 2-17 所示。

图 2-16　"填充颜色"下拉列表框

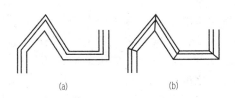

图 2-17　多线线段顶点处连接的显示
（a)关闭"显示连接"；(b)打开"显示连接"

i. "图元"选项组：设置新的和现有的多线元素的元素特性，如偏移、颜色和线型。

j. "偏移""颜色"和"线型"：显示当前多线样式中的所有元素。样式中的每个元素有其相对于多线的中心、颜色及其线型定义。元素始终按它们的偏移值降序显示。

k. "添加"：将新元素添加到多线样式。只有为除 STANDARD 外的多线样式选择了颜色或线型后，此选项才可用。

l. "删除"：从多线样式中删除元素。

m. "偏移"：为多线样式中的每个元素指定偏移值，如图 2-18 所示。

n. "颜色"：显示并设置多线样式中元素的颜色。图 2-19 所示为"颜色"下拉列表框。

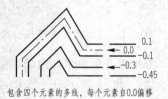

图 2-18　为多线样式中的
每个元素指定偏移值

图 2-19　"颜色"下拉列表框

o. "线型"：显示并设置多线样式中元素的线型。如果单击"线型"按钮，将弹出如图 2-20 所示的"选择线型"对话框，该对话框列出了已加载的线型。要加载新线型，则单击"加载"按钮，将弹出如图 2-21 所示的"加载或重载线型"对话框。

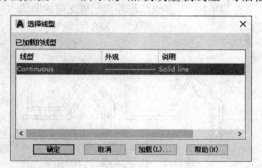

图 2-20　"选择线型"对话框

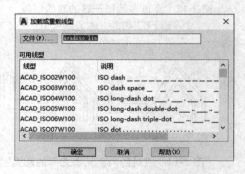

图 2-21　"加载或重载线型"对话框

6）修改。单击"修改"按钮，系统将弹出与前述"新建多线样式：××"对话框类似的"修改多线样式：××"对话框（图 2-22），从中可以修改选定的多线样式。注意：不能编辑图形中正在使用的任何多线样式的元素和多线特性，要编辑现有多线样式，必须在使用该样式绘制任何多线之前进行修改。

7）重命名。重命名当前选定的多线样式，不能重命名 STANDARD 多线样式。

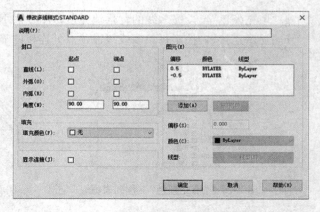

图 2-22　"修改多线样式：××"对话框

8) 删除。从"样式"列表中删除当前选定的多线样式。此操作并不会删除 MLN 文件中的样式。不能删除 STANDARD 多线样式、当前多线样式或正在使用的多线样式。

9) 加载。单击"加载"按钮，系统弹出如图 2-23 所示"加载多线样式"对话框，可以从指定的 MLN 文件加载多线样式。

10) 保存。将多线样式保存或复制到多线库 (MLN) 文件。如果指定了一个已存在的 MLN 文件，新样式定义将添加到此文件中，并且不会删除其中已有的定义。

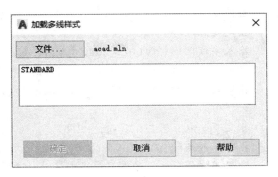

图 2-23　"加载多线样式"对话框

3. 编辑多线

使用多线编辑命令可以修改两条或多条多线的交点及封口样式。多线编辑命令提供的工具用于处理交点(十字形或 T 形)、添加与删除顶点、剪切与接合多线等。

(1)执行方式。在命令行中输入"MLEDIT"后按"Enter"键，或者在菜单栏中选择"修改"→"对象"→"多线"命令，系统弹出如图 2-24 所示的"多线编辑工具"对话框。

(2)操作指南。"多线编辑工具"对话框中的第一列用于处理十字交叉的多线，第二列用于处理 T 形相交的多线，第三列用于处理多线的拐角处或添加与删除顶点，第四列用于剪切或接合多线。

图 2-24　"多线编辑工具"对话框

【例 2-1】　绘制如图 2-25 所示的人行道平面图。

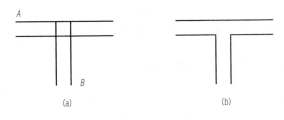

(a)　　　　　　　　　　(b)

图 2-25　用"T 形打开"绘制人行道

(a)绘制多线；(b)绘制人行道

【解】　绘制过程如下：

命令：_ mline　　　　　　　　　　　　　　　　　　(输入"MLINE")

当前设置：对正= 上，比例= 20.00，样式= STANDARD

指定起点或[对正(J)/比例(S)/样式(ST)]：s↙　　　(输入"s")

输入多线比例⟨20.00⟩：200↙　　　　　　　　　　(输入多线比例"200")

当前设置：对正＝上，比例＝200.00，样式＝STANDARD

指定起点或[对正(J)/比例(S)/样式(ST)]：↙

输入多线比例〈20.00〉：200↙   （输入多线比例"200"）

当前设置：对正＝上，比例＝200.00，样式＝STANDARD

指定起点或[对正(J)/比例(S)/样式(ST)]：↙   （在绘图窗口任意处单击，确定多线起点）

指定下一点：@ 1200, 0↙   （输入"@ 1200, 0"）

指定下一点或[放弃(U)]：↙   （按"Enter"键结束命令）

使用同样的方法，绘制另一条与多线 A 垂直、长度为 600 的多线 B，并且以多线 A 的中点为起点，如图 2-25 (a)所示。在菜单栏中选择"修改"→"对象"→"多线"命令，然后在弹出的"多线编辑工具"对话框中选择"T 形打开"，此时命令行的提示如下：

命令：_ mledit↙

选择第一条多线：↙   （选择多线 B）

选择第二条多线：↙   （选择多线 A）

选择第一条多线或[放弃(U)]：↙   （按"Enter"键结束命令）

二、多段线

多段线是由等宽或不等宽的直线及圆弧组成的，AutoCAD 将多段线看成是一个单独的实体。

1. 绘制多段线

(1)执行方式。

1)在菜单栏中选择"绘图"→"多段线"命令。

2)在"绘图"工具栏中单击"多段线"按钮 。

3)在功能区"默认"选项卡"绘图"面板中单击"多段线"按钮 。

4)在命令行中输入"PLINE"后按"Enter"键。

(2)操作格式。

命令：_ pline

指定起点：↙   （指定多段线的起点）

当前线宽为 0.0000

指定下一个点或[圆弧(A)/半宽(H)/长度(L)/放弃(U)/宽度(W)]：↙

                            （指定多段线的下一点）

指定下一点或[圆弧(A)/闭合(C)/半宽(H)/长度(L)/放弃(U)/宽度(W)]：↙

                        （继续指定多段线的下一点）

其中各选项含义如下：

1)圆弧(A)。选择该选项后，又会出现如下提示：

指定圆弧的端点或

[角度(A)/圆心(CE)/方向(D)/半宽(H)/直线(L)/半径(R)/第二个点(S)/放弃(U)/宽度(W)]：↙

指定圆弧的端点或

[角度(A)/圆心(CE)/闭合(CL)/方向(D)/半宽(H)/直线(L)/半径(R)/第二个点(S)/放弃(U)/宽度(W)]：↙

"圆弧的端点"表示完成圆弧段，圆弧段与多段线的上一段相切。"角度（A）"用于指定圆弧的圆心角，当输入正数时，将按逆时针方向创建圆弧段；输入负数时，将按顺时针方向创建圆弧段。"圆心(CE)"用于为圆弧指定圆心。"方向(D)"用于取消直线与弧的相切关系设置，改变圆弧的起始方向。"直线(L)"用于从图形圆弧段切换到图形直线段。"半径(R)"用于指定圆弧半径。"第二个点(S)"用于指定三点圆弧的第二点和端点。

2)闭合(C)。该选项自动将多段线闭合，即将选定的最后一点与多段线的起点连接起来，并结束命令。当多段线的宽度大于0时，若想绘制闭合的多段线，一定要用"C"选项，才能使其完全封闭。否则，即使起点与终点重合，也会出现缺口。

3)半宽(H)。该选项用于指定从多段线线段的中心到其一边的宽度，绘制多段线的过程中，每一段都可以重新设置半宽值。

4)长度(L)。定义下一段多段线的长度，AutoCAD将按照上一线段的方向绘制下一段多段线。若上一段是圆弧，将绘制出与圆弧相切的线段。

5)放弃(U)。删除最近一次添加到多段线上的那一段多段线。

6)宽度(W)。该选项用于确定多段线的宽度，操作方法与半宽选项类似。

【例2-2】 绘制如图2-26所示的图形。

图2-26 利用多段线命令绘制图形

【解】 命令： _ pline
指定起点： ✓ (用鼠标指定起点)
当前线宽为0.0000
指定下一个点或[圆弧(A)/半宽(H)/长度(L)/放弃(U)/宽度(W)]：w✓
指定起点宽度〈0.0500〉：0.05✓ (设置起点宽度，输入"0.05")
指定端点宽度〈0.0500〉：0.5✓ (设置终点宽度，输入"0.05")
指定下一个点或[圆弧(A)/半宽(H)/长度(L)/放弃(U)/宽度(W)]：✓
(用鼠标指定端点)
指定下一点或[圆弧(A)/闭合(C)/半宽(H)/长度(L)/放弃(U)/宽度(W)]：a✓
(在命令行中输入"a")

指定圆弧的端点或
[角度(A)/圆心(CE)/闭合(CL)/方向(D)/半宽(H)/直线(L)/半径(R)/第二个点(S)/放弃(U)/宽度(W)]：w✓ (在命令行中输入"w")
指定起点宽度〈0.5000〉：✓
指定端点宽度〈0.5000〉：1.0✓ (设置终点宽度，输入"1.0")
指定圆弧的端点或[角度(A)/圆心(CE)/闭合(CL)/方向(D)/半宽(H)/直线(L)/半径(R)/第二个点(S)/放弃(U)/宽度(W)]：✓ (用鼠标指定半圆的端点)
按上述步骤依次作出其他多段线，即可得图2-26所示的图形。

2. 编辑多段线

(1)执行方式。

1)在菜单栏中选择"修改"→"对象"→"多段线"命令。

2)在"修改Ⅱ"工具栏中单击"编辑多段线"按钮 ⟋ 。

3)在命令行输入"PEDIT"后按"Enter"键。

4)快捷菜单。选择要编辑的多段线，单击鼠标右键，在弹出的快捷菜单中单击"编辑多段线"命令。

(2)操作格式。

命令：_ pedit

选择多段线或[多条(M)]：↙   (选择一条要编辑的多段线)

输入选项[打开(O)/合并(J)/宽度(W)/编辑顶点(E)/拟合(F)/样条曲线(S)/非曲线化(D)/线型生成(L)/反转(R)/放弃(U)]：E↙

其中各项含义如下：

1)合并(J)。以选中的多段线为主体，合并其他直线段、圆弧和多段线，使其成为一条多段线。合并的条件是各段端点首尾相连。

2)宽度(W)。修改整条多段线的线宽，使其具有同一线宽，如图2-27所示。

3)编辑顶点(E)。选择该项后，在多段线起点处出现一个斜的十字叉"×"，它为当前顶点的标记，在命令行出现并进行后续操作的提示：

修改前   修改后

图2-27　修改整条多段线的线宽

输入顶点编辑选项

[下一个(N)/上一个(P)/打断(B)/插入(I)/移动(M)/重生成(R)/拉直(S)/切向(T)/宽度(W)/退出(X)]〈N〉：↙

这些选项允许用户进行移动、插入顶点和修改任意两点间的线宽等操作。

4)拟合(F)。将指定的多段线生成由光滑圆弧连接的圆弧拟合曲线，该曲线经过多段线的各顶点，如图2-28所示。

5)样条曲线(S)。将指定的多段线以各顶点为控制点生成B样条曲线，如图2-29所示。

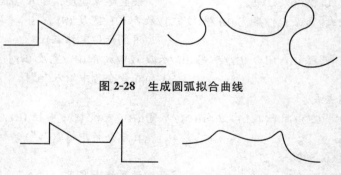

图2-28　生成圆弧拟合曲线

图2-29　生成B样条曲线

6)非曲线化(D)。将指定的多段线中的圆弧由直线代替。对于选用"拟合(F)"或"样条曲线(S)"选项后生成的圆弧拟合曲线或样条曲线，则删去生成曲线时新插入的顶点，恢复成由直线段组成的多段线。

7)线型生成(L)。当多段线的线型为点画线时，控制多段线的线型生成方式开关。选择此项，系统提示：

输入多段线线型生成选项[开(ON)/关(OFF)]〈关〉：↙

当选择"开(ON)"时，将在每个顶点处允许以短画开始和结束生成线型；选择"关(OFF)"时，将在每个顶点处以长画开始和结束生成线型。"线型生成"不能用于带变宽线段的多段线。

8)反转(R)。反转多段线顶点的顺序。使用此选项可反转使用包含文字线型的对象的方向。

如根据多段线的创建方向，线型中的文字可能会倒置显示。

9)放弃(U)。还原操作，可一直返回到"PEDIT"命令开始时的状态。

第三节 绘制圆与圆环

一、圆

圆是一种简单的封闭曲线，也是绘制工程图形时经常用到的图形单元。在 AutoCAD 中绘制圆的方法共有 6 种，如图 2-30 所示。

1. 执行方式

(1)在菜单栏中选择"绘图"→"圆"命令，并在子菜单中选择相应的命令，如图 2-30 所示。

(2)在"绘图"工具栏中单击"圆"按钮 ⊙ 。

(3)在功能区"默认"选项卡的"绘图"面板中选择相应的绘制方式，如图 2-31 所示。

(4)在命令行中输入"CIRCLE"后按"Enter"键。

图 2-30　菜单栏中绘制圆的命令

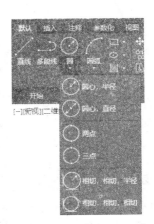

图 2-31　功能区中绘制圆的命令工具

2. 操作格式

命令：_ circle

指定圆的圆心或[三点(3P)/两点(2P)/

切点、切点、半径(T)]：　　　　　　　　　　　　　　　　(指定圆心)

其中：

（1）三点（3P）。用指定圆周上的 3 点画圆。依次输入 3 个点，即可绘制出一个圆。

（2）两点（2P）。根据直径的两端点画圆。依次输入两个点，即可绘制出一个圆，两点间的距离为圆的直径。

（3）切点、切点、半径（T）。先指定两个相切对象，然后确定半径画圆。图 2-32 所示为指定不同相切对象绘制的圆。

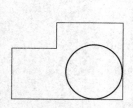 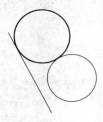 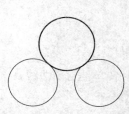

图 2-32　圆与不同对象相切的几种情形

指定圆的半径或［直径（D）］：　　　　　　（直接输入半径数值或用鼠标指定半径长度）

指定圆的直径〈默认值〉：　　　　　　　　（输入直径数值或用鼠标指定直径长度）

3. 圆与圆相切

绘制一个圆与另外两个圆相切，切圆取决于选择切点的位置和切圆半径的大小，图 2-33 所示是一个圆与另两个圆相切的 3 种情况。

（1）外切时切点的选择情况如图 2-33（a）所示。

（2）与一个圆内切且同时与另一个圆外切时切点的选择情况如图 2-33（b）所示。

（3）内切时切点的选择情况如图 2-33（c）所示。

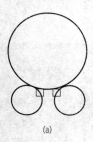 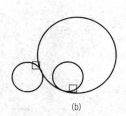 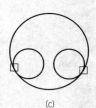

(a)　　　　　　　　　　　(b)　　　　　　　　　　　(c)

图 2-33　相切的三种类型

二、圆环

圆环可分为"填充环"和"实体填充环"，都是带有宽度的闭合多段线。用户可通过指定圆环的内、外直径绘制圆环，也可绘制填充环。

1. 执行方式

（1）在菜单栏中选择"绘图"→"圆环"命令，如图 2-30 所示。

（2）在功能区"默认"选项卡的"绘图"面板中单击"圆环"按钮 ◉。

（3）在命令行中输入"DONUT"后按"Enter"键。

2. 操作格式

命令：_ donut

指定圆环的内径〈默认值〉：↙　　　(指定圆环内径)

若指定内径为零，则画出实心填充图，如图 2-34 所示。

指定圆环的外径〈默认值〉：↙　　　(指定圆环外径)

指定圆环的中心点或〈退出〉：↙　　(指定圆环的中心点)

指定圆环的中心点或〈退出〉：↙　　(若继续指定圆环的中心点，则继续绘制相同外径的圆环。用"Space"键、"Enter"键或鼠标右键结束命令)

绘制圆环的图形如图 2-35 所示。

图 2-34　实心填充图　　　　图 2-35　绘制圆环

第四节　绘制椭圆与椭圆弧

一、椭圆

在 AutoCAD 中，椭圆是由定义其长度和宽度的两条轴决定的。当两条轴的长度不相等时，形成的对象为椭圆；当两条轴的长度相等时，则形成的对象为圆。

1. 执行方式

(1)在菜单栏中选择"绘图"→"椭圆"→"圆心"或"绘图"→"椭圆"→"轴、端点"命令，如图 2-36 所示。

(2)在"绘图"工具栏单击"椭圆"按钮 ◯。

(3)在功能区"默认"选项卡的"绘图"面板中单击"圆心"按钮 ◯ 或"轴、端点"按钮 ◯。

(4)在命令行中输入"ELLIPSE"后按"Enter"键。

2. 操作格式

(1)使用"圆心"方式绘制椭圆的操作格式。

命令：_ ellipse

指定椭圆的轴端点或[圆弧(A)/中心点(C)]：C↙

指定椭圆的中心点：↙

图 2-36　菜单栏中绘制"椭圆"的命令

(输入"C"，选择按"圆心"方式绘制椭圆)
(指定椭圆的中心点)

指定轴的端点：↙   （指定其中一根轴的端点）

指定另一条半轴长度或[旋转(R)]：↙   （指定另一根半轴的长度，或选择"旋转"

                                                         选项以指定绕第一根轴旋转的角度）

（2）使用"轴、端点"方式绘制椭圆的操作格式。

命令：_ ellipse

指定椭圆的轴端点或[圆弧(A)/中心点(C)]：↙   （指定其中一根轴的一个端点）

指定轴的另一个端点：↙   （指定该轴线的另一个端点）

指定另一条半轴长度或[旋转(R)]：↙   （指定另一根半轴的长度，或选择"旋转"

                                                           选项以指定绕第一根轴旋转的角度）

二、椭圆弧

1. 执行方式

（1）在菜单栏中选择"绘图"→"椭圆"→"圆弧"命令，如图 2-36 所示。

（2）在"绘图"工具栏单击"椭圆弧"按钮 ⬭。

（3）在功能区"默认"选项卡的"绘图"面板中单击"椭圆弧"按钮 ⬭。

（4）在命令行中输入"ELLIPSE"后按"Enter"键。

2. 操作格式

命令：_ ellipse

指定椭圆的轴端点或[圆弧(A)/中心点(C)]：_ a

指定椭圆弧的轴端点或[中心点(C)]：↙   （指定椭圆弧的一根轴的一个端点）

指定轴的另一个端点：↙   （指定该轴线的另一个端点）

指定另一条半轴长度或[旋转(R)]：↙   （指定另一根半轴的长度，或选择"旋转"

                                                           选项以指定绕第一根轴旋转的角度）

指定起点角度或[参数(P)]：↙   （指定起始角度或输入"P"）

指定端点角度或[参数(P)/包含角度(I)]：↙

其中，参数是指定椭圆弧端点的另一种方式，该方式同样是指定椭圆弧端点的角度，但通过以下矢量参数方程式创建椭圆弧。

$$P(u) = c + a \cdot \cos(u) + b \cdot \sin(u)$$

式中，c 是椭圆的中心点；a 和 b 分别是椭圆的长轴和短轴；u 为光标与椭圆中心点连线的夹角。

角度是指定椭圆弧端点的两种方式之一，光标和椭圆中心点连线与水平线的夹角为椭圆端点位置的角度，如图 2-37 所示。

【例 2-3】 绘制如图 2-38 所示的洗手池。

图 2-37 椭圆端点位置的角度

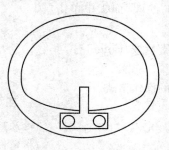

图 2-38 洗手池图形

【解】　(1)单击"直线"按钮 绘制水龙头,方法同前,结果如图2-39所示。

(2)单击"圆"按钮 绘制两个水龙头旋钮,方法同前,结果如图2-40所示。

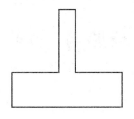

图2-39　绘制水龙头

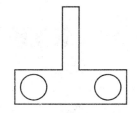

图2-40　绘制旋钮

(3)单击"椭圆"按钮 绘制洗手池外沿,命令行提示与操作如下:

命令:＿ellipse

指定椭圆的轴端点或[圆弧(A)/中心点(C)]:↙　　　　　(用鼠标指定椭圆轴端点)

指定轴的另一个端点:↙　　　　　　　　　　　　　　(用鼠标指定另一端点)

指定另一条半轴长度或[旋转(R)]:↙　　　　　　　(用鼠标在屏幕上指定另一半轴长度)

绘制的椭圆如图2-41所示。

(4)利用"椭圆弧"命令绘制洗手池部分内沿,命令行提示与操作如下:

命令:＿ellipse

指定椭圆的轴端点或[圆弧(A)/中心点(C)]:＿a

指定椭圆弧的轴端点或[中心点(C)]:c↙　　　　　　(在命令行中输入"c")

指定椭圆弧的中心点:↙　　　　　　　　　　　(捕捉上步绘制的椭圆中心点)

指定轴的端点:↙　　　　　　　　　　　　　　(用鼠标指定长轴的一个端点)

指定另一条半轴长度或[旋转(R)]:r↙　　　　　　(在命令行中输入"r")

指定绕长轴旋转的角度:↙　　　　　　　　　　(用鼠标指定椭圆长轴旋转的角度)

指定起点角度或[参数(P)]:↙　　　　　　　　　(用鼠标指定起始角度)

指定端点角度或[参数(P)/包含角度(I)]:↙　　　　(用鼠标指定终止角度)

绘制的椭圆弧如图2-42所示。

(5)执行"圆弧"命令绘制洗手池内沿其他部分,最终结果如图2-38所示。

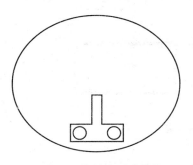

图2-41　绘制洗手池外沿

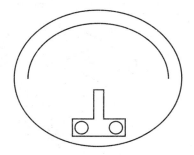

图2-42　绘制洗手池部分内沿

第五节　绘制正方形与矩形

一、矩形

1. 执行方式

(1)在菜单栏中选择"绘图"→"矩形"命令，如图 2-30 所示。

(2)在"绘图"工具栏中单击"矩形"按钮▢。

(3)在功能区"默认"选项卡的"绘图"面板中单击"矩形"按钮▢。

(4)在命令行中输入"RECTANG"后按"Enter"键。

2. 操作格式

命令：_ rectang

指定第一个角点或[倒角(C)/标高(E)/圆角(F)/厚度(T)/宽度(W)]：↙　　　(指定一点)

其中：

(1)第一个角点。通过指定两个角点确定矩形，如图 2-43(a)所示。

(2)倒角(C)。指定倒角距离，绘制带倒角的矩形，如图 2-43(b)所示，每一个角点的逆时针和顺时针方向的倒角可以相同，也可以不同，其中第一个倒角距离是指角点逆时针方向倒角距离，第二个倒角距离是指角点顺时针方向倒角距离。

(3)标高(E)。指定矩形标高(Z坐标)，即将矩形绘制在标高为 Z 且与 XOY 坐标面平行的平面上，并作为后续矩形的标高值。

(4)圆角(F)。指定圆角半径，绘制带圆角的矩形，如图 2-43(c)所示。

(5)厚度(T)。指定矩形的厚度，如图 2-43(d)所示。

(6)宽度(W)。指定线宽，如图 2-31(e)所示。

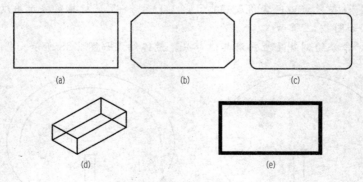

图 2-43　绘制矩形

指定另一个角点或[面积(A)/尺寸(D)/旋转(R)]：

其中：

1)面积(A)。指定面积的长或宽创建矩形。若选择该项，系统命令行将提示：

输入以当前单位计算的矩形面积〈100.0000〉：↙　　　(输入面积值)

计算矩形标注时依据[长度(L)/宽度(W)]〈长度〉： ✓   (按"Enter"键或输入"W")

输入矩形长度〈10.0000〉： ✓   (指定长度或宽度)

指定长度或宽度后，系统自动计算另一个维度后绘制出矩形。如果矩形被倒角或圆角，则在长度或宽度计算中会考虑此设置，如图2-44所示。

2)尺寸(D)。使用长和宽创建矩形。第二个指定点将矩形定位在与第一角点相关的四个位置之内。

3)旋转(R)。旋转所绘制的矩形。若选择该项，则系统命令行将提示：

指定旋转角度或[拾取点(P)]〈0〉： ✓   (指定角度)

指定另一个角点或[面积(A)/尺寸(D)/旋转(R)]： ✓   (指定另一个角点或选择其他选项)

指定旋转角度后，系统按指定角度创建矩形，如图2-45所示。

倒角距离(1，1)　　　圆角半径：1.0
面积：20　宽度：6　　面积：20　宽度：6

图2-44　按面积绘制矩形

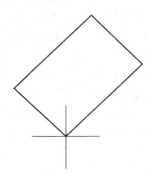

图2-45　按指定旋转角度创建矩形

二、正多变形

正多边形包括等边三角形、正方形、正五边形、正六边形等。可以创建的正多边形的范围是3～1 024条等长边的闭合多段线。

1. 执行方式

(1)在菜单栏中选择"绘图"→"多边形"命令，如图2-30所示。

(2)在"绘图"工具栏中单击"多边形"按钮 ⬡。

(3)在功能区"默认"选项卡的"绘图"面板中单击"多边形"按钮 ⬡。

(4)在命令行中输入"POLYGON"后按"Enter"键。

2. 操作格式

命令： _ polygon

输入侧面数〈4〉： ✓   (指定多边形的边数，默认值为4)

指定正多边形的中心点或[边(E)]： ✓   (指定多边形的中心点)

如果选择"边(E)"选项，则只需要指定多边形的一条边，系统就会按逆时针方向创建该正多边形。

输入选项[内接于圆(I)/外切于圆(C)]〈C〉： ✓   (指定是内接于圆还是外切于圆，"I"表示内接于圆，"C"表示外切于圆)

指定圆的半径：   (指定外接圆或内切圆的半径)

第六节　图案填充

一、图案填充

(一)相关概念

1. 图案边界

当进行图案填充时,首先要确定填充图案的边界。定义边界的对象只能是直线、双向射线、单向射线、多段线、样条曲线、圆弧、圆、椭圆、椭圆弧、面域等对象,或用这些对象定义的块,而且作为边界的对象在当前屏幕上必须全部可见。

2. 孤岛

在进行图案填充时,位于总填充域内的封闭区域称为孤岛,如图 2-46 所示。在用 HATCH 命令填充时,AutoCAD 允许用户以单击取点的方式确定填充边界,即在希望填充的区域内任意单击一点,AutoCAD 会自动确定出填充边界,同时也确定出该边界内的岛。如果用户是以单击选取对象的方式确定填充边界的,则必须确切地单击选取这些岛。

3. 填充方式

AutoCAD 操作中有以下三种填充方式实现对填充范围的控制。

(1)普通方式。如图 2-47(a)所示,普通方式从边界开始,由每条填充线或每个填充符号的两端向里画,遇到内部对象与之相交时,填充线或符号断开,直到遇到下一次相交时再继续画。采用这种方式时,要避免剖面线或符号与内部对象的相交次数为奇数。该方式为系统内部的默认方式。

(2)最外层方式。如图 2-47(b)所示,该方式从边界向里画剖面符号,只要在边界内部与对象相交,剖面符号便由此断开,而不再继续画。

(3)忽略方式。如图 2-47(c)所示,该方式忽略边界内的对象,所有内部结构都被剖面符号覆盖。

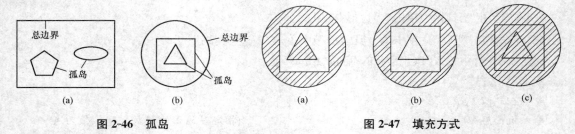

图 2-46　孤岛　　　　　　　　　　　图 2-47　填充方式

(二)图案填充操作

1. 执行方式

(1)在菜单栏中选择"绘图"→"图案填充"命令,如图 2-30 所示。

(2)在"绘图"工具栏单击"图案填充"按钮。

(3)在命令行中输入"HATCH"后按"Enter"键。

执行上述命令后，系统弹出"图案填充和渐变色"对话框。在该对话框中单击右下角的"更多选项"按钮，可以使对话框显示更多的选项，如图 2-48 所示。

执行上述命令时，只有当切换到"AutoCAD 经典"工作空间且在确保关闭功能区的情况下，系统才会弹出"图案填充和渐变色"对话框。如果开启功能区，则执行上述命令或从功能区"默认"选项卡的"绘图"面板中单击"图案填充"按钮后，将在功能区出现如图 2-49 所示的"图案填充创建"选项卡，该选项卡包括"边界"面板、"图案"面板、"特性"面板、"原点"面板、"选项"面板和"关闭"面板，这些面板上的操作内容和在"图案填充和渐变色"对话框进行操作的内容实质是一样的。

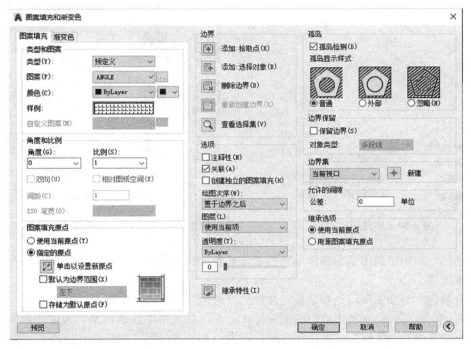

图 2-48　"图案填充和渐变色"对话框

图 2-49　"图案填充创建"选项卡

2. 各选项的含义

(1)"图案填充"选项卡。该选项卡中的各选项用来确定图案及其参数。打开此选项卡后，可以看到如图 2-48 所示左边的选项。

1)类型。此下拉列表框用于确定填充图案的类型及图案。单击右侧的下三角按钮，弹出其下拉列表(图 2-50)。其中，"用户定义"选项表示用户要临时定义填充图案，与命令行方式中的"U"选项作用一样；"自定义"选项表示选用 ACAD.pat 图案文件或其他图案文件(.pat 文件)中的图案填充；"预定义"选项表示用 AutoCAD 标准图案文件(ACAD.pat 文件)中的图案填充。

2）图案。该下拉列表框显示图案的名称。用户可以从该下拉列表框中选择图案名称，也可以单击右侧的按钮▢▢▢，从弹出的"填充图案选项板"对话框中选择，如图 2-51 所示。"填充图案选项板"对话框有 4 个选项卡，每个选项卡代表一类图案定义，每类包含多种图案供用户选择。

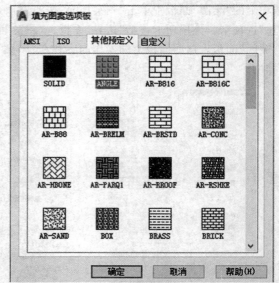

图 2-50 填充图案类型   图 2-51 "填充图案选项板"对话框

3）颜色。使用填充图案和实体填充的指定颜色替换当前颜色。用户可以从该下拉列表框中选择图案颜色。

4）背景色。为新图案填充对象指定背景色。选择"无"可关闭背景色。

5）样例。在"图案"选项中选中的图案样式会在该显示框中显示出来，方便用户查看所选图案是否合适。单击"样例"选项中的图案，同样会弹出如图 2-51 所示的对话框，供用户选择图案。

6）自定义图案。此下拉列表框用于从用户定义的填充图案中进行选取。只有在"类型"下拉列表框中选择"自定义"选项后，该项才可以操作，即允许用户从自己定义的图案文件中选取填充图案。

7）角度。此下拉列表框用于确定填充图案时的旋转角度。每种图案在定义时的旋转角度为零，用户可在"角度"下拉列表中输入旋转角度。

8）比例。此下拉列表框用于确定填充图案的比例值。每种图案在定义时的初始比例为 1，用户可以根据需要放大或缩小，方法是在"比例"下拉列表框内输入相应的比例值。只有将"类型"选项设定为"预定义"或"自定义"，该选项才可用。

9）双向。对于用户定义的图案，绘制与原始直线成 90°角的另一组直线，从而构成交叉线。只有将"类型"设定为"用户定义"，此选项才可用。

10）相对图纸空间。用于控制是否相对于图纸空间单位确定填充图案的比例。此选项的优势在于可以按照布局的比例方便地显示填充图案。该选项仅适用于命名布局。

11）间距。用于指定用户定义图案中的直线间距。只有将"类型"设定为"用户定义"，此选项才可用。

12)ISO 笔宽。基于选定笔宽缩放 ISO 预定义图案。只有将"类型"设定为"预定义",并将"图案"设定为一种可用的 ISO 图案,此选项才可用。

13)图案填充原点。控制填充图案生成的起始位置。某些图案填充(如砖块图案)需要与图案填充边界上的一点对齐。默认情况下,所有图案填充原点都对应于当前的 UCS 原点。也可以选择"指定的原点"及下面一级的选项重新指定原点。

(2)"边界"选项组。

1)添加:拾取点。根据围绕指定点构成封闭区域的现有对象来确定边界。在填充的区域内任意单击选取一点,AutoCAD 会自动确定出包围该点的封闭填充边界,并将这些边界以高亮度显示,如图 2-52 所示。

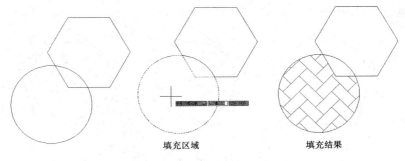

填充区域　　　　　填充结果

图 2-52　边界确定

2)添加:选择对象。以选取对象的方式确定填充区域的边界。用户可以根据需要选取构成填充区域的边界。同样,被选择的边界也会以高亮度显示,如图 2-53 所示。

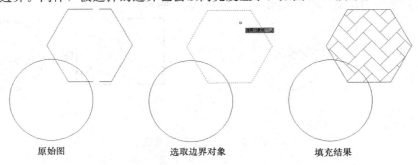

原始图　　　　　选取边界对象　　　　　填充结果

图 2-53　选取边界对象

3)删除边界。从边界定义中删除以前添加的任何对象,如图 2-54 所示。

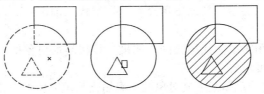

图 2-54　删除边界后的新边界

4)重新创建边界。围绕选定的图案填充或填充对象创建多段线或面域,并使其与图案填充对象相关联。

5)查看选择集。观看填充区域的边界。单击该按钮，AutoCAD将临时切换到作图屏幕，将所选择的作为填充边界的对象以高亮方式显示。只有通过"添加：拾取点"按钮▣或"添加：选择对象"按钮▣选取了填充边界，"查看选择集"按钮◎才可以使用。

（3）"选项"选项组。

1)注释性。此选项用于确定填充图案是否有注释性。此特性会自动完成缩放注释过程，从而使注释能够以正确的大小在图纸上打印或显示。

2)关联。此选项用于确定填充图案与边界的关系。若单击此按钮，则填充的图案与填充边界保持着关联关系，即图案填充后，当用钳夹功能对边界进行拉伸等编辑操作时，AutoCAD会根据边界的新位置重新生成填充图案，如图2-55所示。

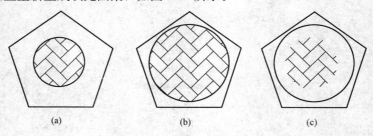

图2-55 关联
(a)填充对象；(b)填充关联图案编辑；(c)填充不关联图案编辑

3)创建独立的图案填充。当指定了几个独立的闭合边界时，该选项用于控制是创建单个图案填充对象，还是创建多个图案填充对象，如图2-56所示。

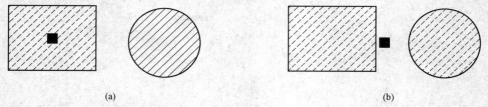

图2-56 独立与不独立
(a)独立，选中时不是一个整体；(b)不独立，选中时是一个整体

4)绘图次序。指定图案填充的绘图顺序。图案填充可以放在所有其他对象之后、所有其他对象之前、图案填充边界之后或图案填充边界之前。

5)图层。为指定的图层指定新图案填充对象，替代当前图层。选择"使用当前项"可使用当前图层。

6)透明度。设定新图案填充或填充的透明度，替代当前对象的透明度。选择"使用当前项"可使用当前对象的透明度设置。

（4）继承特性。使用选定图案填充对象的图案填充或填充特性对指定的边界进行图案填充或填充。在选定想要继承其特性的图案填充对象之后，在绘图区中单击鼠标右键，并使用快捷菜单中的选项在"选择对象"和"拾取内部点"选项之间切换。

（5）"孤岛"选项组。指定用于在最外层边界内图案填充或填充边界的方法。

1)孤岛检测。确定是否检测孤岛。

2)孤岛显示样式。确定图案的填充方式。系统提供了 3 种孤岛显示样式，分别为"普通""外部""忽略"。

①"普通"。从外部边界向内填充，如果遇到第一个内部孤岛，图案填充将关闭，直到遇到该孤岛内的另一个孤岛，以此进行填充。一般情况下，最好使用"普通"样式。

②"外部"。从外部边界向内填充，如果遇到内部孤岛，则图案填充关闭。此选项仅填充指定的区域，不会影响内部孤岛。

③"忽略"。忽略所有内部的对象，填充图案时将通过这些对象对整个区域进行填充，忽略其中存在的孤岛。

(6)"边界保留"选项组。指定是否将边界保留为对象，并确定应用于边界对象的对象类型是多段线还是面域。

(7)"边界集"选项组。此选项组用于定义当从指定点定义边界时要分析的对象集。当使用"选择对象"定义边界时，选定的边界集无效。当单击"添加：拾取点"按钮 以根据一个指定点的方式确定填充区域时，有两种定义边界集的方式：一种是将包围所指定点的最近的有效对象作为填充边界，即"当前视口"选项（系统的默认方式）；另一种是用户自己选定一组对象来构造边界，即"现有集合"选项，选定对象通过选项组中的"新建"按钮实现，按下该按钮后，Auto-CAD 临时切换到作图屏幕，并提示用户选取作为构造边界集的对象，此时若选取"现有集合"选项，AutoCAD 会根据用户指定的边界集中的对象来构造一封闭边界。

默认情况下，使用"添加：拾取点"按钮 来定义边界时，将分析当前视口范围内的所有对象。通过重定义边界集，可以在定义边界时忽略某些对象，而不必隐藏或删除这些对象。对于大图形，重定义边界集还可以减少检查的对象，从而加快生成边界的速度。

(8)"允许的间隙"选项组。设置将对象用作图案填充边界时可以忽略的最大间隙。默认值为 0，此值指定对象必须封闭区域而没有间隙。按图形单位输入一个值（从 0 到 5 000），以设置将对象用作图案填充边界时可以忽略的最大间隙。任何小于等于指定值的间隙都将被忽略，并将边界视为封闭。

(9)"继承选项"选项组。控制当用户使用"继承特性"选项创建图案填充时是否继承图案填充原点，包括"使用当前原点"和"用源图案填充原点"两个选项。

二、渐变色填充

渐变色是指从一种颜色平滑过渡到另一种颜色。渐变色能产生光的效果，可为图形添加视觉效果。

1. 执行方式

(1)在菜单栏中选择"绘图"→"渐变色"命令。

(2)在"绘图"工具栏单击"渐变色"按钮 。

(3)在命令行中输入"GRADIENT"后按"Enter"键。

执行上述命令后，系统弹出如图 2-57 所示的"图案填充和渐变色"对话框。同样，在该对话框中单击右下角的"更多选项"按钮 ，可以使对话框显示更多的选项。

同样应注意：执行上述命令时，只有当切换到"AutoCAD 经典"工作空间且在确保关闭功能区的情况下，系统才会弹出"图案填充和渐变色"对话框。如果开启功能区，则执行上述命令或从功能区"默认"选项卡"绘图"面板中单击"渐变色"按钮 后，将在功能区出现如图 2-58 所示的"图案填充创建"选项卡。

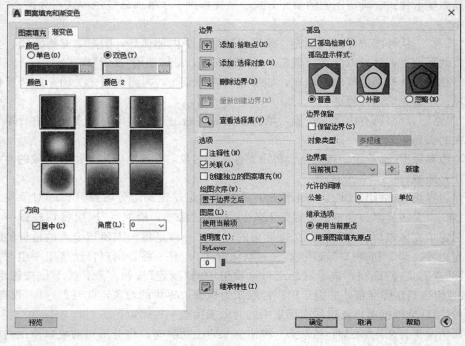

图 2-57 "图案填充和渐变色"对话框

图 2-58 "图案填充创建"选项卡

2. 各选项的含义

(1)"单色"单选按钮。指定填充是使用一种颜色与指定染色(颜色与白色混合)间的平滑转场还是使用一种颜色与指定着色(颜色与黑色混合)间的平滑转场。用户选中此单选按钮,系统应用单色对所选择的对象进行渐变填充。其下面的显示框显示了用户所选择的真彩色,单击右边的按钮 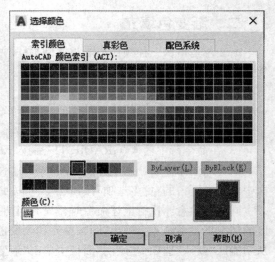 ,系统弹出"选择颜色"对话框,如图 2-59 所示。

(2)"双色"单选按钮。指定在两种颜色之间平滑过渡的双色渐变填充。用户选中此单选按钮,系统应用双色对所选择的对象进行渐变填充,填充颜色将从颜色 1 渐变到颜色 2。颜色 1 和颜色 2 的选取与单色选取类似。

(3)渐变方式样板。在"渐变色"选项卡的下

图 2-59 "选择颜色"对话框

方有 9 种渐变方式，包括线形、球形和抛物线形等。

(4)"居中"复选框。指定对称渐变色配置，该复选框决定渐变填充是否居中。如果没有选定此选项，则渐变填充将朝左上方变化，创建光源在对象左边的图案。

(5)"角度"下拉列表框。指定渐变填充的角度，在该下拉列表框中选择角度，此角度为渐变色倾斜的角度。此选项与指定给图案填充的角度互不影响。

三、编辑填充图案

(一)执行方式

(1)在菜单栏中选择"修改"→"对象"→"图案填充"命令，如图 2-60 所示。

(2)在"修改Ⅱ"工具栏中单击"编辑图案填充"按钮。

(3)在功能区"默认"选项卡"修改"面板中单击"编辑图案填充"按钮。

(4)在命令行中输入"HATCHEDIT "后按"Enter"键。

(二)操作格式

执行上述命令后，命令行会有如下提示：

命令：_hatchedit

选择图案填充对象：✓

选取关联填充对象后，系统弹出如图 2-61 所示的"图案填充编辑"对话框。该对话框的操作与前述"图案填充和渐变色"对话框基本相同，用户可以对已选定图案填充对象的图案填充或填充特性进行一系列的编辑修改。

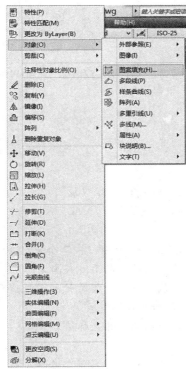

图 2-60　图案填充命令

图 2-61　"图案填充编辑"对话框

第七节　上机操作

【实训】　绘制如图 2-62 所示的小屋。

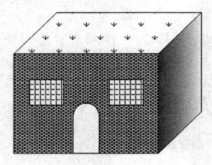

图 2-62　小屋

【操作步骤】

1. 绘制外框

(1)先绘制一个矩形,角点坐标为(210,160)和(400,25)。

(2)再绘制连续直线,坐标为{(210,160),(@80<45),(@190<0),(@135<−90),(400,25)}。

(3)用同样方法绘制另一条直线,坐标为{(400,25),(@80<45)}。

(4)执行"矩形"命令绘制窗户。一个矩形的两个角点坐标为(230,125)和(275,90),另一个矩形的两个角点坐标为(335,125)和(380,90)。

(5)执行"多段线"命令绘制门。

命令:PLINE↙

指定起点:288,25↙

当前线宽为 0.0000

指定下一个点或[圆弧(A)/半宽(H)/长度(L)/放弃(U)/宽度(W)]:288,76↙

指定下一点或[圆弧(A)/闭合(C)/半宽(H)/长度(L)/放弃(U)/宽度(W)]:A↙

指定圆弧的端点或

[角度(A)/圆心(CE)/闭合(CL)/方向(D)/半宽(H)/直线(L)/半径(R)/第二个点(S)/放弃(U)/宽度(W)]:A↙　　　　　　　　　(用给定圆弧的包角方式画圆弧)

指定包含角:−180↙　　　　　　　　(包角值为负,则顺时针画圆弧;反之,则逆时针画圆弧)

指定圆弧的端点或[圆心(CE)/半径(R)]:322,76↙(给出圆弧端点的坐标值)

指定圆弧的端点或

[角度(A)/圆心(CE)/闭合(CL)/方向(D)/半宽(H)/直线(L)/半径(R)/第二个点(S)/放弃(U)/宽度(W)]:L↙

指定下一点或[圆弧(A)/闭合(C)/半宽(H)/长度(L)/放弃(U)/宽度(W)]:@ 51<−90↙

指定下一点或[圆弧(A)/闭合(C)/半宽(H)/长度(L)/放弃(U)/宽度(W)]：↙

2. 利用"图案填充"命令进行填充

(1)填充屋顶。

1)在命令行中输入"HATCH"后按"Enter"键。

2)选择"图案填充"命令，输入该命令后将弹出"图案填充和渐变色"对话框，选择预定义的GRASS图案，角度为0，比例为1，填充屋顶小草，如图2-63所示。

图 2-63　图案填充设置

3)选择内部点。单击"添加：拾取点"按钮 ⊞，用鼠标在屋顶内部拾取一点，如图2-64点1所示。

4)返回"图案填充和渐变色"对话框，单击"确定"按钮，系统以选定的图案进行填充。

(2)填充窗。选择"图案填充"命令，选择预定义的ANGLE图案，角度为0，比例为1，拾取如图2-65所示2、3两个位置的点填充窗户。

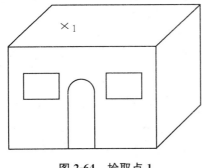

图 2-64　拾取点 1

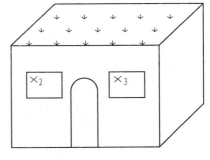

图 2-65　拾取点 2、点 3

(3)填充正面墙面。选择"图案填充"命令，选择预定义的 BRSTONE 图案，角度为 0，比例为 0.25，拾取如图 2-66 所示 4 位置的点填充小屋正面的砖墙。

(4)填充侧面墙。选择"渐变色"命令，拾取如图 2-67 所示 5 位置的点填充小屋侧面的砖墙。

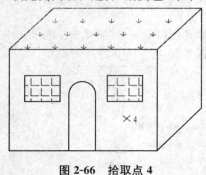

图 2-66　拾取点 4　　　　　　　　　　图 2-67　拾取点 5

本章小结

本章主要介绍了绘制点、直线和构造线及绘制平面图形、图案与渐变色填充等方面的内容。

在绘制直线过程中，用一次"LINE"命令画出的多段折线，各段是单独的实体，可以分别进行修改编辑，如果要画 0°、90°、180°、270°的直线，则应先从状态行设置"正交（ORTHO）"为"ON"。

用假设圆画多边形时，如果用键入圆半径数值的方法回答"指定圆的半径:"提示，则多边形中至少有一条边处于水平位置；如果用半径设定点的坐标值来回答(可直接在屏幕上拾取点，或键入点坐标)，就可以改变多边形的放置角度。另外，用第一种方式时，第一个端点与第二个端点的相对方向可决定多边形的放置角度，因为多边形总是按逆时针方向画出的。

在填充过程中有一些应用技巧，对于提高绘图效率很有帮助，AutoCAD 2020 只提供了一些基本的填充图案，在工程实例中的许多图案系统未提供，如钢筋混凝土的填充图案。但是借助于对图案填充功能的灵活应用，在同一个闭合区域中重复填充两次，可以达到同样的效果。

思考与练习

1. 绘制点的命令有哪些？
2. 怎样设定点？
3. 绘制点的步骤有哪些？
4. 绘制直线的命令有哪些？
5. 什么是构造线？构造线主要用作绘制哪些？构造线的执行方式有哪些？
6. 绘制多线的命令有哪些？
7. 一个圆与另两个圆相切时会出现哪三种情况？
8. 圆环可分为哪两种？绘制圆环的命令有哪些？
9. 绘制矩形命令 rectang 显示"指定第一个角点或[倒角（C）/标高（E）/圆角（F）/厚度（T）/宽

度（W）]：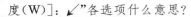"各选项什么意思？

    10. 真多边形包括哪些？绘制正多边形的命令有哪些？

    11. 图案边界和孤岛分别指什么？

    12. 图案填充的填充方式有哪些？

    13. 自定尺寸分别绘制一个矩形和一个圆形，然后在图形中用斜线（ANSI31）填充，如图 2-68 所示。

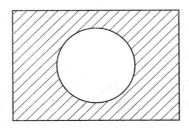

图 2-68 用斜线填充图形

第三章 AutoCAD 2020 辅助绘图

学习目标

通过本章内容的学习，掌握图层的使用方法，熟练掌握创建新图层的操作方式，掌握图层的管理；掌握定义、保存图块的方法，掌握图块的插入方法，学会定义及编辑图块属性。

教学重点

1. 图层特性管理器的应用。
2. 创建图层的方法，图层线型及线宽设置。
3. 定义、编辑、修改图块属性。

为了方便绘制图形，绘图时一般应赋予图形一定的特性，如利用不同的线宽代表不同的对象，或者利用不同的颜色代表不同的对象等。通过使用这些不同的特性，可以直接从视觉上将各种对象进行区分，同时有利于阅读图形。在 AutoCAD 2020 中绘制的所有图形对象都具有线宽、颜色、线型和图层等基本特性。在绘图过程中，图形的基本特性可以通过图层指定给对象，也可以为图形对象单独赋予需要的特性。

第一节 图层的设置

在图形绘制过程中，应遵循一定的绘图步骤。在 AutoCAD 中如何体现这些步骤呢？可以将图层看作图纸绘制过程中使用的"透明图纸"，先在"透明图纸"上绘制不同的图形，然后将若干层"透明图纸"叠加起来，就构成了最终的图形，如图 3-1 所示。

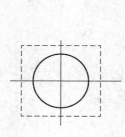
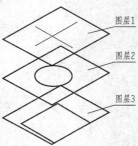

图层1

图层2

图层3

图 3-1 图层的概念

一、图层应用简介

在 AutoCAD 中，通常将类型、特性相似的对象绘制在同一个图层中，将类型、特性不同的对象绘制在其他指定图层中。在每一个图层中都可根据需要设置相应的颜色、线型、线宽、打印样式、开关状态和说明等图层特性。

通过使用图层，可以方便地控制：图层上的对象是否显示；对象是否使用默认特性（如该图层的颜色、线型或线宽），或对象特性是否单独指定给每个对象；是否打印及如何打印图层上的对象；是否锁定图层上的对象并且无法修改；对象是否在各个布局视口中显示不同的图层特性等。

在每个 AutoCAD 文件中，都包含一个名为"0"的特殊图层（默认情况下，该图层被指定使用7 号颜色、Continuous 线型、"默认"线宽）。该图层的用途是确保每个图形至少包括一个图层。值得注意的是，该"0"图层不能被删除或重命名。另外，当前图层、包含对象的图层和依靠外部参照的图层也无法被删除。

AutoCAD 2020 提供了"图层"工具栏（图 3-2）和"图层"面板（图 3-3），可以方便地对图层进行相关的操作。另外，在菜单栏中打开"格式"菜单，在"格式"菜单中除"图层""图形状态管理器"命令外，还包括如图 3-4 所示的"图层工具"命令。

图 3-2 "图层"工具栏　　　　　　　　　　　　　　　**图 3-3 "图层"面板**

图 3-4 "图层工具"命令

二、图层特性管理器

1. 执行方式

图层特性管理器打开方式有以下几种：

(1)在菜单栏中选择"格式"→"图层"命令。

(2)在"图层"工具栏或"图层"面板中单击"图层特性管理器"按钮 。

(3)在功能区"默认"选项卡的"图层"面板中单击"图层特性管理器" 。

(4)在命令行中输入"LAYER"或"LA"后按"Enter"键。

2. 操作格式

当采用以上任意一种方式操作后，系统弹出如图 3-5 所示的"图层特性管理器"选项板，从中可以对图层进行管理操作。

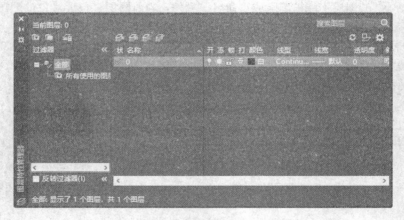

图 3-5 "图层特性管理器"选项板

"图层特性管理器"选项板包括左侧的树状图和右侧的列表图两个窗格。树状图用于显示图形中图层和过滤器的层次结构列表；列表图用于显示图层和图层过滤器及其特性和说明等。

(1)"新建特性过滤器" 。用于弹出"图层过滤器特性"对话框。在过滤器定义列表中，可以设置过滤条件，如图层名称、状态和颜色等。

(2)"新建组过滤器" 。单击该图标，创建一个图层过滤器，其中包含选择并添加到该过滤器的图层。

(3)"图层状态管理器" 。用于弹出"图层状态管理器"对话框，可以将图层的当前特性设置保存到一个命名图层状态中，以后可以再恢复这些设置。

(4)"新建图层" 。单击该图标即可创建新图层，该名称处于选定状态时，用户可以直接输入一个新图层名。

(5)"在所有视口中都被冻结的新图层视口" 。创建新图层，并在所有现有布局视口中将其冻结。

(6)"删除图层" 。要删除不使用的图层，可先从列表框中选择一个或多个图层，AutoCAD 2020 将从当前图形中删除所选的图层。在对话框中同时按住"Shift"键，可选择连续排列的多个图层；若同时按住"Ctrl"键，则可选择不连续排列的多个图层。删除包含对象的图层时，需要删除此图层中的所有对象，然后再删除此图层。

（7）"置为当前" ✓ 。将选定图层设置为当前图层。在图层列表框中选择需要设置为当前的图层，再单击该按钮即可。

（8）"刷新" 🔄 。用于刷新图层列表的顺序和图层状态信息。

（9）"设置" 🔧 。用于显示"图层设置"对话框，从中可以设置各种显示选项。

（10）"状态行"。位于图层特性管理器的底部，显示当前过滤器的名称、列表视图中显示的图层数和图形中的图层数。

（11）"反转过滤器"。显示所有不满足选定图层过滤器中条件的图层。

如果在"图层特性管理器"选项板左侧的树状图窗格中单击鼠标右键，则系统会弹出如图3-6所示的快捷菜单。该快捷菜单提供了用于树状图选定项目的命令。

（1）"可见性"。用于更改选定过滤器中图层的可见性状态。该级联菜单中提供了"开""关""解冻"和"冻结"命令。

（2）"锁定"。用于控制选定过滤器中图层的锁定状态。该级联菜单中提供了"锁定"和"解锁"命令。

（3）"视口"。在当前布局视口中，控制选定过滤器中图层的"视口冻结"设置。此选项在"模型"空间视口不可用。该级联菜单中提供了"冻结"和"解冻"命令。

（4）"隔离组"。用于冻结所有未包括在选定过滤器中的图层。该级联菜单中提供了"所有视口"和"仅活动视口"两个选项。其中，"所有视口"选项表示在所有布局视口中，将未包括在选定过滤器中的所有图层设置为"视口冻结"，在模型空间中，除当前图层外，冻结不再选定过滤器中的所有图层；"仅限当前视口"选项表示在当前布局视口中，将未包括在选定过滤器中的所有图层设定为"视口冻结"，在模型空间中，除当前图层外，关闭未包括在选定过滤器中的所有图层。

（5）"新建特性过滤器"。单击该按钮，弹出如图3-7所示的"图层过滤器特性"对话框，从中可以根据图层名和图层特性设置（如颜色和打印样式）创建新的图层特性过滤器。

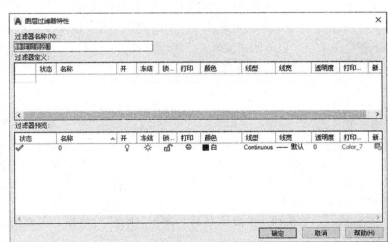

图3-6　树状图快捷菜单　　　　　　图3-7　"图层过滤器特性"对话框

（6）"新建组过滤器"。创建新图层组过滤器，并可输入新的名称。在树状图中选择"全部"过滤器或其他任何图层过滤器，以在列表视图中显示图层，然后将图层从列表视图拖动到树状图的新图层组过滤器中。

（7）"转换为组过滤器"。将选定图层特性过滤器转换为图层组过滤器。

（8）"重命名"。用于重命名选定的图层过滤器。

（9）"删除"。用于删除选定的图层过滤器。此命令无法删除"全部""所有使用的图层"或"外部参照"图层过滤器。

"图层特性管理器"选项板右侧的列表窗格专门用于显示图层和图层过滤器及其特性和说明。如果在树状图窗格中选定了一个图层过滤器，则列表窗格中将仅显示该图层过滤器中的图层。若选定树状图窗格中的"全部"过滤器，则将显示图形中的所有图层和图层过滤器。当选定某一个图层特性过滤器并且没有符合其定义的图层时，列表视图将为空。要修改选定过滤器中某一个选定图层或所有图层的特性，则单击该特性的图标。当图层过滤器中显示了混合图标或"多种"时，表明在过滤器的所有图层中，该特性互不相同。列表窗格中相关设置内容如下：

（1）状态。用于指示项目的类型，如图层过滤器、正在使用的图层、空图层或当前图层。其中，✔ 表示图层为当前图层；⬦ 表示图层正在使用中；⬦ 表示图层未在使用中；🗔 表示图层正在使用中，并且布局视口中的特性替代处于打开状态；🗔 表示图层未在使用中，并且布局视口中的特性替代处于打开状态。

（2）名称。显示图层或过滤器的名称。用户可以按"F2"键输入新名称，实现重命名。

（3）开。用于打开或关闭图层。当图层打开时，灯泡为亮色 💡，该图层上的图形可见，可以进行打印；当图层关闭时，灯泡为暗色 💡，该图层上的图形不可见，不可进行编辑，不能进行打印。在绘制和检查比较复杂的图形时，可以只打开某些图层，关闭其他图层，以便于修改。如在检查建筑平面图中的墙体时，就可以只打开墙体所在的图层。

（4）冻结。冻结所有视口中选定的图层，包括"模型"选项卡。图层被冻结时，显示雪花图标 ❄，该图层上图形不可见，不能进行重生成、消隐及打印等操作；当图层解冻后，显示太阳图标 ☀，该图层上图形可见，可进行重生成、消隐和打印等操作。在绘图过程中，冻结图层可以提高对象选择的性能，减少复杂图形的重生成时间。因此，对于某些具有大量图形对象而又暂时不用看到的图层，就可以将它们冻结，以节省绘图时间。注意：当前图层是不能被冻结的。

（5）锁定。锁定和解锁选定图层。图层被锁定时，锁被锁上 🔒，该图层上的图形实体仍可以显示和绘图输出，但不能被编辑；当图层解锁后，锁被打开 🔓，该图层上的图形可以编辑。在绘图过程中，可以通过锁定图层来保护该图层上的图形对象不被编辑或选中。可以锁定当前图层。

（6）颜色。用于改变选定图层关联的线型颜色，单击相应的颜色名称，弹出"选择颜色"对话框选择颜色。

（7）线型。在默认情况下，新创建的图层的线型为连续线。用户可以根据需要为图层设置不同的线型；单击相应的线型名称，将弹出"选择线型"对话框。用户可在"已加载的线型"选项组中指定线型。若该选项组中没有需要的线型，则可单击"加载"按钮，在弹出的"加载或重载线型"对话框中选择。

（8）线宽。单击相应的线宽名称，弹出"线宽"对话框，用户可在此更改与选定图层关联的线宽。

（9）透明度。控制所有对象在选定图层上的可见性。对单个对象应用透明度时，对象的透明度特性将替代图层的透明度设置。单击"透明度"值将显示"图层透明度"对话框。

（10）打印样式。用于改变选定图层的打印样式，用户可根据需要改变图层的打印样式。

（11）打印。控制该层对象是否打印，新建图层默认为可打印。

三、设置图层特性

(一)设置图层颜色

设置图层颜色即选定图层指定颜色或修改颜色。颜色在图形中具有非常重要的作用，可用来表示不同的组件、功能和区域。图层的颜色实际上是图层中图形对象的颜色，每个图层都拥有自己的颜色，对不同的图层既可以设置相同的颜色，也可以设置不同的颜色。这样，绘制复杂图形时就可以很容易区分图形的各个部分。图层的颜色，除通过前述"图层特性管理器"进行设置外，还可以通过以下几种方式设置：

(1)利用"特性"选项板。在菜单栏中选择"工具"→"选项板"→"特性"命令或"修改"→"特性"命令，弹出如图3-8所示的"特性"选项板，在"常规"选项组的"颜色"下拉列表中选择需要的颜色。

(2)在命令行中输入"COLOR"后按"Enter"键或在菜单栏中选择"格式"→"颜色"命令，即可弹出如图3-9所示的"选择颜色"对话框。

图3-8 "特性"选项板

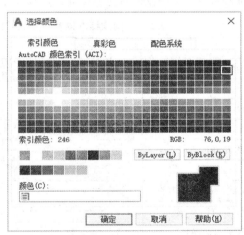

图3-9 "选择颜色"对话框

1)索引颜色。在"索引颜色"模式下，能存储一个8 b的文件，即最多256种颜色，而且颜色都是预先定义好的。一幅图像所有的颜色都在它的图像文件里定义，也就是将所有色彩映射到一个色彩盘里，称为色彩对照表。因此，当打开图像文件时，色彩对照表也一同被读入AutoCAD中，AutoCAD由色彩对照表找到最终的色彩值。若要转换为索引颜色，则必须从每通道8位的图像以及灰度或RGB图像开始。通常索引颜色模式用于保存GIF格式等网络图像。

2)真彩色。真彩色是指图像中的每个像素值都分成R、G、B三个基色分量，每个基色分量直接决定其基色的强度，这样产生的色彩称为真彩色。例如，图像深度为24，用R∶G∶B=8∶8∶8来表示色彩，则R、G、B各点用8位来表示各自基色分量的强度，每个基色分量的强度等级为$2^8=256$种，图像可容纳$2^{24}=16×10^6$种色彩，这样得到的色彩可以反映原图的真实色彩，故称真彩色。若使用HSL颜色模式，则可以指定颜色的色调、饱和度和亮度要素。

3)配色系统。配色系统包括几个标准Pantone配色系统，也可以输入其他配色系统，如DIC颜色指南或RAL颜色集。输入用户定义的配色系统，可以进一步扩充可供使用的颜色选择。这种模式需要用户具有丰富的专业色彩知识，所以在实际操作中不必使用。

(3)在功能区"默认"选项卡"特性"面板中的"对象颜色" ▉ ByLayer ▾ 下拉列表框中，选择系统提供的几种颜色或自定义颜色。

(4)利用"特性"工具栏。含有"特性"工具栏，如图 3-10 所示。用户利用此工具栏可以快速查看和改变所选对象的颜色、线型、线宽等特性。如在"颜色控制" 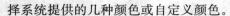 下拉列表框中，选择需要的颜色或选择"选择颜色"选项，可打开如图 3-9 所示的"选择颜色"对话框。

图 3-10 "特性"工具栏

(二)设置图层线型

线型是指图形基本元素中线条的组成和显示方式，如虚线和实线等。在 AutoCAD 2020 中既有简单线型，又有由一些特殊符号组成的复杂线型，以满足不同国家或行业标准的要求。

1. 国家标准线型

国家标准《CAD 工程制图规则》(GB/T 18229—2000)推荐的常用的颜色、线型见表 3-1。

表 3-1 国家标准推荐使用的 CAD 制图颜色和线型宽度

图形类型		线型宽度	颜 色
粗实线(Continuous)		0.5～0.7	白色(黑色)
中实线(Continuous)		0.3	白色(黑色)
细实线(Continuous)		0.18	绿色
波浪线(Continuous)		0.18	绿色
双折线(Continuous)		0.18	绿色
虚线(Dashed)		0.18	黄色
中心线(Center)		0.18	红色
精单点画线(Center)		0.5～0.7	棕色
双点画线(JIS-09-15)		0.18	粉色

2. 线型设置

系统除提供了连续线型(LINETYPE)外，还提供了大量的非连续线型(如中心线、虚线等)。利用"线型管理器"对话框加载线型和设置当前线型，如图 3-11 所示。"线型管理器"对话框的调用有以下几种方式：

(1)在菜单栏中选择"格式"→"线型"命令。

(2)在功能区"默认"选项卡"特性"面板中的"线型" ![ByLayer] 下拉列表框选择"其他"选项，或在"特性"工具栏"线型控制" ![ByLayer] 下拉列表中选择"其他"选项。

图 3-11 "线型管理器"对话框

(3)在命令行输入"LINETYPE"命令后按"Enter"键。

(4)在图 3-8 所示的"特性"选项板"常规"选项组的"线型"下拉列表中选择需要的线型。

通过选择以上任意一种方式进行操作后，系统弹出"线型管理器"对话框。如果线型列表框中没有列出需要的线型，则应从线型库中加载。单击"加载"按钮，系统弹出如图 3-12 所示的"加载或重载线型"对话框,从中可选择需要的线型并加载。

　　用户也可通过如图3-8所示的"特性"选项板中"常规"选项组的"线型"下拉列表选择所需的线型。另外,本章第一节中提到在"图层特性管理器"选项板中,用户选择要设置线型特性的图层,然后单击相应的线型名称,弹出如图3-13所示的"选择线型"对话框,则用户可在"已加载的线型"选项组中指定线型。若该选项组中没有需要的线型,可单击"加载"按钮,则同样弹出如图3-12所示的"加载或重载线型"对话框。

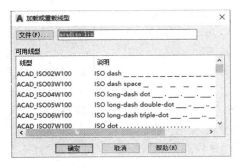

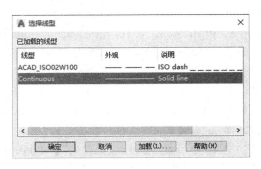

图3-12　"加载或重载线型"对话框　　　　图3-13　"选择线型"对话框

(三)设置图层线宽

　　图层线宽是指该图层的图形对象所使用的线宽,每一个图层都应有一个线宽。同一图层上图形对象的线宽必须相同;不同图层上线宽可以相同,也可以不同。在建筑施工图中,不同对象的线宽并不相同。通过设置图层的线宽,可以绘制粗细不一的线型,从而实现绘图的要求。在 AutoCAD 2020 中,默认的线宽是 0.01 in(1 in＝25.4 mm)或 0.25 mm,用户可以使用默认的线宽,也可设置所需的线宽。除通过前述"图层特性管理器"进行设置外,图层的线宽还可以通过以下几种方式设置:

　　(1)在菜单栏中选择"格式"→"线宽"命令。

　　(2)在功能区"默认"选项卡"特性"面板中的"线宽" ━━━━ByLayer 下拉列表框选择需要的线宽或选择"线宽设置"选项,或在"特性"工具栏"线宽控制" ━━ByLayer 下拉列表框中选择需要的线宽,或在图3-8所示的"特性"选项板"常规"选项组的"线宽"下拉列表中选择需要的线宽。

　　(3)在命令行输入"LINEWEIGHT"后按"Enter"键。

　　执行上述命令后,系统弹出"线宽设置"对话框,如图3-14所示。该对话框与利用"图形管理器"弹出的"线宽"对话框类似。

　　在"线宽控制"或"线宽"下拉列表框中选择时,其中:

　　"ByLayer(随层)":逻辑线宽,表示对象与其所在图层的线宽保持一致。

　　"ByBlock(随块)":逻辑线宽,表示对象与其所在块的线宽保持一致。

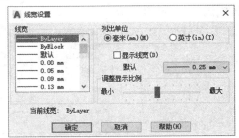

图3-14　"线宽设置"对话框

　　"默认":创建新图层时的默认线宽设置,其默认值为 0.25 mm(0.01 in)。

　　关于线宽的应用,有以下几点应引起注意:

　　(1)若需要精确表示对象的宽度,则应使用指定宽度的多段线,而不要使用线宽。

（2）若对象的线宽值为 0 mm，那么，在模型空间显示为 1 个像素宽，并将以打印设备允许的最细宽度打印。若对象的线宽值为 0.25 mm（0.01 in）或更小，那么，将在模型空间中以 1 个像素显示。

（3）具有线宽的对象以超过一个像素的宽度显示时，可能会增加 AutoCAD 的重新生成时间，因此，关闭线宽显示或将显示比例设成最小，可优化显示性能。

（4）AutoCAD 中可用的线宽预定义值包括 0.00 mm、0.05 mm、0.09 mm、0.13 mm、0.15 mm、0.18 mm、0.20 mm、0.25 mm、0.30 mm、0.35 mm、0.40 mm、0.50 mm、0.53 mm、0.60 mm、0.70 mm、0.80 mm、0.90 mm、1.00 mm、1.06 mm、1.20 mm、1.40 mm、1.58 mm、2.00 mm 和 2.11 mm 等。

【例 3-1】　创建新图层，名称为"中心线"层，颜色为红色，线型为"CENTER2"，线宽为"0.7"。

【解】　（1）在菜单栏中选择"格式"→"图层"命令，系统弹出"图层特性管理器"对话框。

（2）单击"新建图层"按钮，在亮显的"图层 1"框中输入"中心线"。

（3）单击"中心线"层相应的"颜色"单元格，弹出"选择颜色"对话框，从中选取"红色"，单击"确定"按钮，返回"图层特性管理器"对话框。

（4）单击"中心线"层相应的"线宽"单元格，弹出"线宽"对话框，从中选取"0.7 mm"，单击"确定"按钮，返回"图层特性管理器"对话框。

（5）单击"中心线"层相应的"线型"单元格，弹出"选择线型"对话框，在"选择线型"对话框中单击"加载"按钮，弹出"加载或重载线型"对话框，在"可用线型"中选择"CENTER2"线型，然后单击"确定"按钮返回"选择线型"对话框，加载的线型显示在"选择线型"对话框的"已加载的线型"列表中，从中选择"CENTER2"线型，单击"确定"按钮，返回"图层特性管理器"对话框。

此时，"中心线"层的图层特性设置完成。

（四）设置线型比例

线型是由实线、虚线、点和空格组成的复杂图案，显示为直线或曲线。对于某些特殊的线型，更改线型比例将产生不同的线型效果。例如，在绘制建筑施工图时，通常使用虚线样式表示轴线，但是在图形显示时，往往会将虚线显示为实线，这时可以更改线型的比例，达到修改线型效果的目的。

在"线型管理器"对话框中，单击右边"显示细节"按钮，可设置全局比例因子和当前对象缩放比例，如图 3-15 所示。

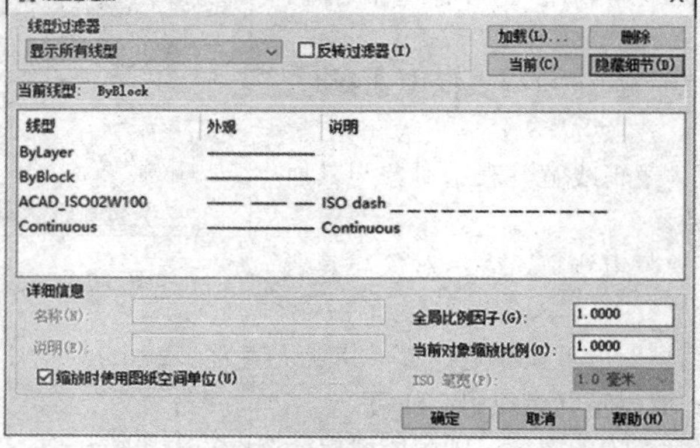

图 3-15　"线型管理器"对话框

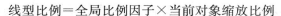

$$线型比例＝全局比例因子×当前对象缩放比例$$

式中　全局比例因子——设定以后影响全部的线型比例；

　　　当前对象缩放比例——设定以后只影响当前线型和以后线型，以前已画好的线型不受
影响。

一般情况下，A0～A4 图形界限常用的线型比例见表 3-2。

表 3-2　图形界限与线型比例的关系

图形界限	线型比例	线型效果
A0(1 189×841)	2	
A1(841×594)	1	
A2(594×420)	1	
A3(420×297)	0.5, 1	
A4(210×297)	0.5	

【例 3-2】　绘制如图 3-16(a)所示的图形，其中内侧圆设置为虚线，对称线设置为点画线，
其余为实线。由于比例的原因，无法显示出虚线和点画线。修改线型比例，显示出线型效果，
编辑结果如图 2-16(b)所示。

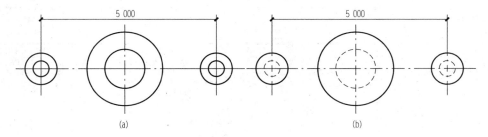

图 3-16　设置线型比例

【解】　(1)在菜单栏中选择"格式"→"线型"命令，弹出"线型管理器"对话框。

(2)在"详细信息"(如对话框中未显示，单击"显示细节"按钮即可)的"全局比例因子"后输入
"5"，即将图形中的所有非连续线型放大 5 倍。

(3)单击"确定"按钮，关闭对话框，结束操作。

四、图层管理

(一)设置当前层和随层

1. 当前层

设置好图层后，要想画出各种不同的线型，必须在当前层上画图，即将所设定图层变为当
前层才能绘图。将所设图层变为当前层的方法很简单，主要有以下几种：

(1)在"图层"工具栏中单击"图层控制"下拉按钮，在列表中选择需要设置为当前层的图层，
如图 3-17 所示。

（2）在"图层特性管理器"对话框中选择需要设置为当前层的图层，再单击"置为当前"按钮 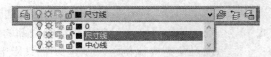 即可。

（3）在"图层特性管理器"对话框中双击选定图层的名称即可。

图 3-17　设置当前层

（4）在绘图区选择该图层的对象，再单击"图层"工具栏中的"将对象的图层设为当前"按钮 即可。

2. 随层

选定图层后，图层中的颜色、线型、线宽默认的方式都是随层；也可以根据情况，单独设定颜色、线型、线宽或随块（ByBlock）。

（二）删除图层

在 AutoCAD 中进行图形绘制时，可将不需要的图层删除，便于对有用的图层进行管理。删除图层的方式有以下两种：

（1）在"图层特性管理器"对话框中选择所需要删除的图层，再单击"删除图层"按钮 ，或在对话框中选择所需要删除的图层后单击鼠标右键，在弹出的快捷菜单中选择"删除图层"命令，即可删除这些图层，如图 3-18 所示。

（2）使用"PURGE"命令删除图层。在命令行输入"PURGE"，弹出"清理"对话框，如图 3-19 所示。在该对话框中双击"图层"按钮，选择所要删除的图层，再单击"全部清理"按钮，将弹出如图 3-20 所示的对话框，单击"清理此项目"按钮，就可以删除选定的图层。

图 3-18　"删除图层"选项

图 3-19 "清理"对话框

图 3-20 "确认清理"对话框

在删除图层的操作中，0层、默认层、当前层、含有图形实体的层和外部引用依赖层均不能被删除。若对这些图层执行了删除操作，AutoCAD 将弹出不能删除的提示对话框。

(三)转换图层

所谓转换图层，是指将一个图层中的图形转换到另一个图层中，如将图层 1 中的图形转换到图层 2 中，被转换的图形的颜色、线型、线宽等将拥有图层 2 的属性。转换图层时，先在绘图区选择需要转换图层的图形，然后在"图层"工具栏"图形控制"下拉列表中选择要将图形转换到指定的图层即可。

在绘图设计过程中，可以利用"图层转换器"将某些图层上的对象转移到其他一些图层上去，或者将某些图层上的对象转移到一个隐含的图层上。在"图层转换器"中，可以在当前图形中指定要转换的图层及要转换到的图层。

1."图层转换器"的打开

打开如图 3-21 所示的"图层转换器"对话框，主要有下列几种方式：

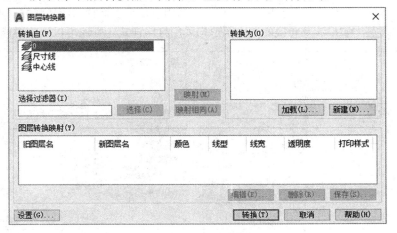

图 3-21 "图层转换器"对话框

(1)在菜单栏中选择"工具"→"CAD 标准"→"图层转换器"命令。
(2)在功能区"管理"选项卡"CAD 标准"面板中单击"图层转换器"按钮。

（3）在"CAD标准"工具栏中单击"图层转换器"按钮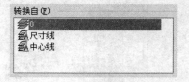。

（4）在命令行输入"LAYTRANS"命令后按"Enter"键。

2."图层转换器"对话框中各选项的含义

（1）转换自。在当前图形中指定要转换的图层。可以通过在"转换自"列表中选择图层（图3-22），或通过提供选择过滤器指定图层。

图层名之前的图标的颜色表示此图层在图形中是否被参照，黑色图标表示图层被参照，白色图标表示图层不被参照。

图3-22 "转换自"列表框

不被参照的图层可以通过在"转换自"列表中单击鼠标右键并选择"清理图层"将其从图形中删除。

（2）选择过滤器。用可包括通配符的命名方式，在"转换自"列表中指定要选择的图层。由选择过滤器指示的图层与之前选择的任意图层一起设定。

（3）映射。将"转换自"中选定的图层映射到"转换为"列表框中选定的图层。当图层被映射后，它将从"转换自"列表框中被删除。

（4）映射相同。单击该按钮，可以将"转换自"列表框和"转换为"列表框中具有相同名称的图层进行转化映射。

（5）转换为。列出可以将当前图形的图层转换为哪些图层。

（6）加载。使用图形、图形样板或所指定的标准文件加载"转换为"列表中的图层。如果指定的文件包含保存过的图层映射，则那些映射将被应用到"转换自"列表中的图层上，并且显示在"图层转换映射"中。可以从多个文件中加载图层。如果加载的文件包含与已加载图层相同名称的图层，则保留原图层而忽略复制的图层。同样，如果加载的文件包含复制已加载映射的映射，则保留原映射而忽略复制的映射。

（7）新建。定义一个要在"转换为"列表中显示并用于转换的新图层。单击该按钮，可以打开"新图层"对话框（图3-23）。在该对话框中，用户可以创建新的图层作为图形转换层，新建的图层将会显示在"转换为"列表中。不能使用与现有图层相同的名称创建新图层。如果在选择"新建"之前选择"转换为"图层，则选定图层的特性将作为新图层的默认特性使用。

（8）编辑。打开"编辑图层"对话框（图3-24），从中可以编辑选择的转换映射，可以修改图层的线型、颜色和线宽。如果涉及转换的所有图形均采用打印样式，则还可以为映射修改此打印样式。

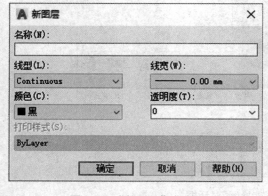

图3-23 "新图层"对话框

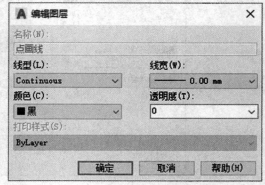

图3-24 "编辑图层"对话框

（9）删除。用于删除所选择的图层。在"图层转换映射"列表框中选择所要删除的图层，单击该按钮，则该图层将重新显示在"转换自"列表框中。

(10)保存。将当前图层转换贴图保存为一个文件，以便以后使用。通常以 dwg 或 dws 文件格式保存图层映射；可以替换现有文件，也可以创建一个新文件。"图层转换器"可在文件中创建参照图层，并在每一个图层中存储图层映射。那些图层使用的所有线型也一同被复制到文件中，如图 3-25 所示。

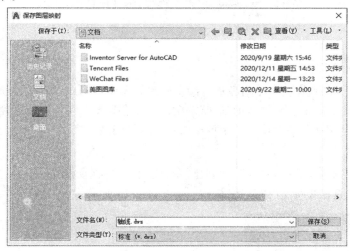

图 3-25 "保存图层映射"对话框

(三)保存图层

在 AutoCAD 中，用户可以将图形中的当前图层设置保存为命名图层状态，以便以后需要时再恢复这些设置。

在"图层"工具栏中单击"图层状态管理器"按钮，或在菜单栏的"格式"菜单中选择"图层状态管理器"命令，或在功能区"默认"选项卡的"图层"面板中"图层状态"下拉列表框中选择"管理图层状态"命令，均可弹出"图层状态管理器"对话框，如图 3-26 所示。该对话框中显示了图形中已保存的图层状态列表，用户可以将图形中的图层设置"另存为"命名图层状态，以便在需要时恢复、编辑、输入和输出命名图层状态并在其他图形中使用。

图 3-26 "图层状态管理器"对话框

第二节　块操作

一、定义图块

AutoCAD将一个图块作为一个对象进行编辑修改等操作，用户可以根据绘图需要将图块插入途中任意指定的位置，而且在插入时还可以指定不同的缩放比例和旋转角度。图块还可以重新定义，一旦被重新定义，整个途中基于该块的对象都将随之改变。

(一)执行方式

(1)在菜单栏中选择"绘图"→"块"→"创建"命令，如图3-27所示。

(2)在"绘图"工具栏中单击"创建块"按钮，如图3-28所示。

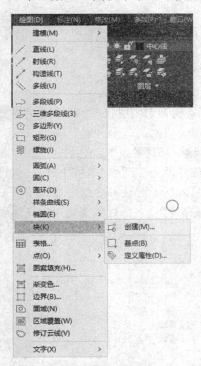

图3-27　"块"级联菜单

图3-28　"创建块"按钮

(3)在功能区"默认"选项卡"块"面板中单击"创建"按钮，或在功能区"插入"选项卡"块定义"面板中单击"创建"按钮。

(4)在命令行中输入"BLOCK"(或"BMAKE")后按"Enter"键。

(二)操作格式

按上述任意一种方式执行后，AutoCAD将弹出如图3-29所示的"块定义"对话框，利用该对话框可定义图块并为之命名。

(三)选项说明

1."名称"文市框

要求用户在该文本框中输入图块名称。图块名称最多可以包含 255 个字符，包括字母、数字、空格，以及操作系统或程序未作他用的任何特殊字符。块名称及块定义保存在当前图形中。

图 3-29　"块定义"对话框

2."基点"选项组

确定图块的插入基点，默认值是（0，0，0）；也可以在下面的 X、Y、Z 文本框中输入块的基点坐标值。单击"拾取点"按钮，AutoCAD 2020 临时切换到作图屏幕，用鼠标在图形中拾取一点后，返回"块定义"对话框，将所拾取的点作为图块的基点。若选中"在屏幕上指定"复选框，则在关闭对话框时将提示用户指定基点。

3."对象"选项组

选择构成图块的实体及控制实体显示方式。

（1）"在屏幕上指定"复选框。关闭对话框时，将提示用户指定对象。

（2）"选择对象"按钮。单击此按钮，将暂时关闭"块定义"对话框，允许用户选择块对象。选择完对象后，按"Enter"键返回到该对话框。

（3）"快速选择"按钮。打开如图 3-30 所示的"快速选择"对话框，该对话框可定义选择集。

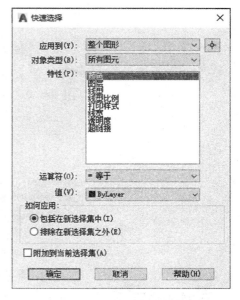

图 3-30　"快速选择"对话框

（4）"保留"单选按钮。在用户创建完成图块后，将继续保留这些构成图块的实体，并将它们当作普通的单独实体。

（5）"转换为块"单选按钮。表明当用户创建完成图块后，自动将这些构成图块的实体转化为一个图块。

（6）"删除"单选按钮。表明用户创建完成图块后，将删除所有构成图块的实体目标。

4."方式"选项组

（1）"注释性"复选框。指定块是否为注释性对象。

（2）"使块方向与布局匹配"复选框。指定在图纸空间视口中的块参照的方向与布局的方向匹配。如果未选择"注释性"选项，则该选项不可用。

（3）"按统一比例缩放"复选框。确定是否按统一比例进行缩放。

（4）"允许分解"复选框。指定块是否可以被分解。

5."设置"选项组

（1）"块单位"文本框。指定块参照插入单位。

（2）"超链接"按钮。打开"插入超链接"对话框，可以使用该对话框将某个超链接与块定义相关联。

二、图块的保存

AutoCAD 中的图块可分为两种，即"内部块"和"外部块"。这两种块的区别在于：用"BLOCK"命令（或"BMAKE"命令）定义的图块，称为"内部块"，只能在图块所在的当前图形文件中通过块插入来使用，不能被其他图形引用。为了使图块成为公共图块（可供其他图形文件插入和引用），即"外部块"，AutoCAD 提供了保存图块命令"WBLOCK"（即"WriteBlock"），将图块单独以图形文件（dwg）的形式存盘。

(一)执行方式

(1)在功能区"插入"选项卡"块定义"面板中单击"写块"按钮 。
(2)在命令行中输入"WBLOCK"后按"Enter"键。

(二)操作格式

按上述任意一种方式执行后，AutoCAD 将弹出如图 3-31 所示的"写块"对话框。在"写块"对话框中提供了一种便捷的方法，用于将当前图形的零件保存到不同的图形文件，或将指定的块定义另存为一个单独的图形文件。

图 3-31 "写块"对话框

(三)选项说明

(1)"源"选项组。确定要保存为图形文件的图块或图形对象。其中选中"块"单选按钮，再单击右侧文本框的下三角按钮，在下拉列表框中选择现有的一个图块，将其保存为图形文件；选中"整个图形"单选按钮，则将当前的整个图形保存为图形文件；选中"对象"单选按钮，则将不属于图块的图形对象保存为图形文件。对象的选取通过"对象"选项组来完成。

(2)"基点"选项组。确定图块的插入点。

(3)"对象"选项组。选择构成图块的实体目标。

(4)"目标"选项组。设置图块存盘后的文件名、路径及插入比例单位等。

1)"文件名和路径"文本框。用户可在该文本框内设置图块存盘后的文件名和路径。用户也可单击"浏览"按钮 ，AutoCAD 将弹出"浏览图形文件"对话框，如图 3-32 所示，可在该对话框中设置图块保存路径。

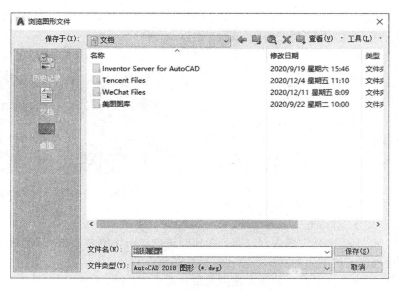

图 3-32 "浏览图形文件"对话框

2)"插入单位"下拉列表框。指定将其作为块插入到使用不同单位的图形中时用于自动缩放的单位值。如果不希望插入时自动缩放图形,则选择"无单位"。

三、图块的插入

在用 AutoCAD 绘图的过程中,用户可以根据需要随时把将已经定义好的图块或图形文件插入当前图形的任意位置,在插入的同时还可以改变图块的大小、旋转一定角度或将图块炸开等。

(一)执行方式

(1)在菜单栏中选择"插入"→"快选项板"命令,如图 3-33 所示。

(2)在"绘图"工具栏中单击"插入块"按钮，如图 3-34 所示。

图 3-33 "插入块"菜单

图 3-34 "插入块"按钮

71

(3)在功能区"默认"选项卡或"插入"选项卡中的"块"面板中单击"插入"按钮。

(4)在命令行中输入"INSERT"后按"Enter"键。

(二)操作格式

按上述任意一种方式执行后，AutoCAD将弹出如图3-35所示的"插入选项"对话框，利用此对话框可以指定要插入的图块及插入位置。

图 3-35 "插入选项"对话框

(三)选项说明

(1)"名称"下拉列表框。输入或选择需要插入的图块或文件名。在该下拉列表框中的都是"内部块"。如果要选择一个"外部块"，则单击按钮，从弹出的"选择图形文件"对话框中进行选择。

(2)"插入点"选项组。指定插入点，插入图块时该点与图块的基点重合。可以在屏幕上用鼠标指定该点，也可以通过下面的文本框输入该点坐标值。

(3)"比例"选项组。确定图块的插入比例系数。选中"在屏幕上指定"复选框，表示将在命令行中直接输入 X、Y 和 Z 轴方向的插入比例系数值。

如果不选中该复选框，则可以在 X、Y、Z 三个文本框中分别输入 X、Y 和 Z 轴方向的插入比例系数。选中"统一比例"复选框，表示 X、Y 和 Z 轴三个方向的插入比例系数相同。

(4)"旋转"选项组。确定图块插入时的旋转角度。选中"在屏幕上指定"复选框，表示用户将在命令行中直接输入图块的旋转角度。

如不选中该复选框，用户可以在"角度"文本框中输入具体的数值，以确定图块插入时的旋转角度。

(5)"分解"复选框。选中此复选框，表示在插入图块的同时，将该图块分解，使其成为各个单独的图形实体，否则插入后的图块将作为一个整体。若选定"分解"，则只可以指定统一比例因子。

四、图块的属性

图块除包含图形对象外，还可以具有非图形信息，例如，将一个椅子的图形定义为图块后，还可以将椅子的号码、材料、质量、价格及说明等文本信息一并加入图块中。图块的非图形信息叫作图块的属性，它是图块的一个组成部分，与图形对象一起构成一个整体，在插入图块时，AutoCAD将图形对象连同属性一起插入图形中。属性必须依赖于图块而存在，当用户对图块进行编辑时，包括在图块中的属性也将被编辑。

(一)创建属性定义

1. 执行方式

(1)在菜单栏中选择"绘图"→"块"→"定义属性"命令，如图3-27所示。

(2)在功能区"默认"选项卡"块"面板中单击"定义属性"按钮，或在功能区"插入"选项卡"块定义"面板中单击"定义属性"按钮。

(3)在命令行中输入"ATTDEF"后按"Enter"键。

2. 操作格式

按上述任意一种方式执行后，AutoCAD将弹出如图3-36所示的"属性定义"对话框。利用该对话框可以定义属性模式、属性标记、属性提示、属性值、插入点和属性的文字设置。

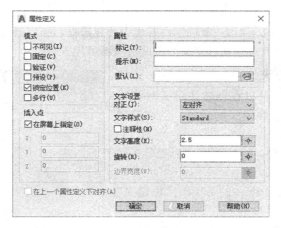

图 3-36 "属性定义"对话框

3. 选项说明

(1)"模式"选项组。在图形中插入块时，设定与块关联的属性值选项。

1)"不可见"复选框。选中此复选框则属性为不可见显示方式，即插入图块并输入属性值后，属性值在图中并不显示或打印出来。

2)"固定"复选框。选中此复选框则属性值为常量，即属性值在属性定义时给定，在插入图块时，AutoCAD 不再提示输入属性值。

3)"验证"复选框。选中此复选框，当插入图块时，AutoCAD 重新显示属性值，让用户验证该值是否正确。

4)"预设"复选框。选中此复选框，当插入图块时，AutoCAD 自动将事先设置好的默认值赋予属性，而不再提示输入属性值。

5)"锁定位置"复选框。选中此复选框，当插入图块时，AutoCAD 锁定块参照中属性的位置。解锁后，属性可以相对于使用夹点编辑的块的其他部分移动，并且可以调整多行文字属性的大小。

6)"多行"复选框。指定属性值可以包含多行文字。选中此复选框后，可以指定属性的边界宽度。

(2)"属性"选项组。

1)"标记"文本框。指定用来标识属性的名称。可以使用任何字符组合(空格除外)输入属性标记，小写字母会自动转换为大写字母。

2)"提示"文本框。指定在插入包含该属性定义的块时显示的提示。如果不输入提示，属性标记将用作提示。如果在"模式"区域选择"常数"模式，则"提示"选项将不可用。

3)"默认"文本框。指定默认属性值。

4)"插入字段"按钮。单击该按钮，将弹出"字段"对话框，可以在其中插入一个字段作为属性的全部或部分的值。

(3)"插入点"选项组。可以利用该选项组来确定属性文本插入时的基点。用户可以在下面的 X、Y、Z 文本框中输入坐标值。若选中"在屏幕上指定"复选框，则在关闭对话框后将显示"起点"提示，提示用户使用定点设备指定属性相对于其他对象的位置。

(4)"文字设置"选项。可以利用该选项区来确定属性文本的格式，包括对齐方式、文字样式、文字高度、文字旋转角度、边界宽度。

（5）"在上一个属性定义下对齐"复选框。若选中此复选框，则将属性标记直接置于之前定义的属性下面。如果之前没有创建属性定义，则此选项不可用。

(二)创建带属性的块

创建好属性定义后，可以在创建块定义时将属性定义选择作为要包含到块定义的对象。创建带属性块的基本步骤如下：

（1）打开相关图形文件，按前面所述为图形文件创建属性信息。

（2）按前述方法打开如图3-29所示的"块定义"对话框。

（3）在"块定义"对话框中输入块的名称，并在"对象"选项组中选中"转换为块"单选按钮，接着单击"选择对象"按钮，在绘图区选择包括属性定义在内的图形文件后，按"Enter"键返回"块定义"对话框。再在"基点"选项组中单击"拾取点"按钮，在绘图区选择块插入的基点。

（4）在"块定义"对话框中单击"确定"按钮，AutoCAD 2020将弹出如图3-37所示的"编辑属性"对话框。

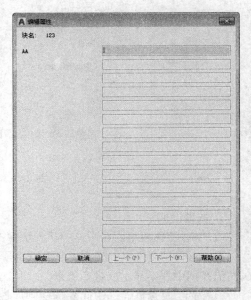

图3-37 "编辑属性"对话框

（5）在"编辑属性"对话框中可以对属性进行编辑，但不能编辑锁定图层中的属性值。对话框中显示出所选图块中包含的前8个属性的值，用户可以对这些属性值进行修改。如果该图块中还有其他属性，则可单击"上一个"和"下一个"按钮进行观察与修改。

将属性定义合并到块中后或插入包含属性的块时，也将弹出"编辑属性"对话框，用户可根据属性定义中设定的提示信息输入相应的属性值。

(三)编辑属性定义

当属性被定义到图块中，甚至图块被插入图形中之后，用户还可以对属性进行编辑。

1. 一般属性编辑

（1）执行方式。在命令行输入"ATTEDIT"后按"Enter"键。

（2）操作格式。

按上述方式进行操作后，命令行提示如下：

命令：ATTEDIT

选择块参照：

此时绘图区光标变为拾取框，选择要修改属性的图块，则AutoCAD 2020将弹出如图3-37所示的"编辑属性"对话框。用户可以在对话框中对相关属性进行观察和修改。

2. 增强属性编辑

（1）执行方式。

1）在菜单栏中选择"修改"→"对象"→"属性"→"单个"命令，如图3-38所示。

2）在"修改Ⅱ"工具栏中单击"编辑属性"按钮，如图3-39所示。

图 3-38　"对象"级联菜单　　　　　　　　　图 3-39　"编辑属性"按钮

3）在功能区"默认"选项卡或"插入"选项卡"块"面板中单击"编辑属性"按钮 。

4）在命令行中输入"EATTEDIT"后按"Enter"键。

（2）操作格式。

按上述任意一种方式进行操作后，命令行提示如下：

命令：_ eattedit

选择块：

选择块后，系统弹出"增强属性编辑器"对话框，如图 3-40 所示。该对话框不仅可以编辑属性值，还可以编辑属性的文字选项和图层、线型、颜色等特性值。"增强属性编辑器"对话框共包括 3 个选项卡，即"属性"选项卡、"文字选项"选项卡和"特性"选项卡。各选项卡的含义如下：

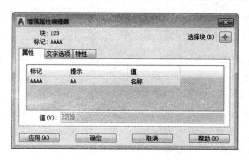

图 3-40　"增强属性编辑器"对话框

1）"属性"选项卡。显示指定给每个属性的标记、提示和值。用户只能在相应的"值"文本框中更改属性值。

2）"文字选项"选项卡。设定用于定义图形中属性文字的显示方式的特性，包括文字样式、对正、高度、旋转、反向、倒置、注释性、宽度因子、倾斜角度和边界宽度等，如图 3-41 所示。

3)"**特性**"选项卡。定义属性所在的图层及属性文字的线宽、线型和颜色,如图 3-42 所示。如果图形使用打印样式,则可以使用"特性"选项卡为属性指定打印样式。

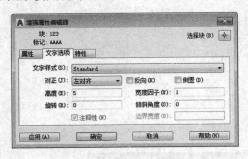

图 3-41 "文字选项"选项卡

图 3-42 "特性"选项卡

另外,还可以通过"块属性管理器"对话框来对块的属性进行编辑。操作方式如下:

1)在菜单栏中选择"修改"→"对象"→"属性"→"块属性管理器"菜单命令(图 3-38),或在功能区"默认"选项卡"块"面板中单击"属性,块属性管理器"按钮,或在功能区"插入"选项卡"块定义"面板中单击"属性,块属性管理器"按钮,系统弹出"块属性管理器"对话框,如图 3-43 所示。利用该对话框可以管理当前图形中块的属性定义,可以在块中编辑属性定义、从块中删除属性以及更改插入块时系统提示用户输入属性值的顺序。在对话框中,选定块的属性将显示在属性列表中。默认情况下,标记、提示、默认值、模式和注释性属性特性显示在属性列表中。对于每一个选定块,属性列表下的说明都会标识在当前图形和在当前布局中相应块的实例数目。

2)在"块属性管理器"对话框中单击"编辑"按钮,系统将弹出"编辑属性"对话框,如图 3-44 所示。用户可以通过该对话框对块的属性进行编辑。

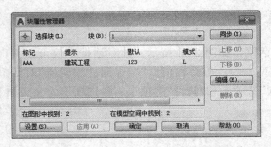

图 3-43 "块属性管理器"对话框

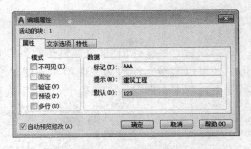

图 3-44 "编辑属性"对话框

【例 3-3】 制作如图 3-45 所示的高程标注。

【解】 在建筑工程图中,经常需要标注大量的高程,这些标注往往有相同的图例和不同的高程数值。借助于块属性,确定不同的插入点,可以很快地完成这些标注。

(1)绘制基本图形,如图 3-45(a)所示。

(2)定义标高属性。在标高图例上方定义属性,结果如图 3-45(b)所示。

(3)定义图块。选定标高图例和定义好的属性,将其一起定义成图块,名称为"标高",此时定义的属性显示结果如图 3-45(c)所示。

(4)插入图块。启动块插入命令,在弹出的"块插入"对话框中选定"标高"图块,确定插入位置,设置好比例和角度等参数,单击"确定"按钮后命令行出现如下提示:

命令: _ insert

指定插入点或[基点(B)/比例(S)/旋转(R)]:

绘制结果如图3-45(d)所示，属性显示为刚刚输入的属性值"20.10"。

图3-45　高程标注的制作

(a)绘制基本图形；(b)定义标高属性；(c)将属性定义成图块；(d)插入图块

第三节　精确定位工具

在 AutoCAD 中设计和绘制图形时，如果对图形尺寸比例要求不太严格，则可以大致输入图形的尺寸，这时可用鼠标在图形区域直接拾取和输入。但是，有的图形对尺寸要求比较严格，要求绘图时必须严格按给定的尺寸绘图。为了解决这个问题，提高绘图的效率，AutoCAD 提供了一系列的精确定位工具。精确的定位工具是指能够帮助用户快速、准确地定位某些特殊点和特殊位置的工具，精确定位工具主要集中在状态栏上，如图3-46所示。

图3-46　状态栏按钮

一、正交模式

在用 AutoCAD 绘图的过程中，经常需要绘制水平直线和垂直直线，但是鼠标拾取线段的端点时很难保证两个点严格地处于水平或垂直方向上。为此，AutoCAD 提供正交功能，启用正交模式，画线或移动对象时只能沿水平方向或垂直方向移动光标，因此只能画平行于坐标轴的正交线段。

1. 执行方式

(1)单击状态栏"正交模式"按钮█使其激活。

(2)按功能键"F8"在开关状态间切换。

(3)在命令行输入"ORTHO"后按"Enter"键。

2. 操作格式

命令：ORTHO

输入模式[开(ON)/关(OFF)]〈开〉：　　　　　　　　　　　(设置开或关)

二、栅格工具

"栅格"是一些标定位置的小点，可以提供直观的距离和位置参照，类似于坐标纸中方格的作用。

1. 执行方式

(1)在菜单栏选择"工具"→"绘图设置"命令。

（2）单击状态栏"栅格显示"按钮▇使其激活。

（3）按功能键"F7"在开关状态间切换。

2．操作格式

按上述操作打开"草图设置"对话框，选择"捕捉和栅格"选项卡，如图3-47所示。

其中，"启用栅格"复选框控制是否显示栅格，"栅格间距"选项组用来设置栅格在水平与垂直方向的间距。如果"栅格 X 轴间距"和"栅格 Y 轴间距"都设置为 0，则 AutoCAD 会自动捕捉栅格间距应用于栅格，且其原点与角度总是和捕捉栅格的原点与角度相同；"栅格行为"选项组用来设置栅格显示时的有感特性，可通过"Grid"命令在命令行设置栅格间距。

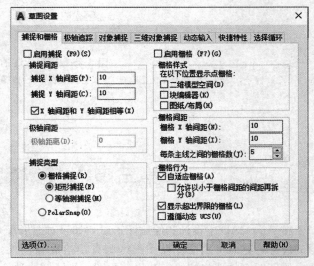

图 3-47　"草图设置"对话框

三、捕捉工具

为了准确地在屏幕上捕捉点，AutoCAD 提供捕捉工具，可以在屏幕上生产一个隐含的栅格（捕捉栅格），这个栅格能够捕捉光标，约束它只能落在栅格的某一个节点上，使用户能够高精确度地捕捉和选择这个栅格上的点。

1．执行方式

（1）在菜单栏选工具→绘图设置。

（2）在状态栏中单击"捕捉模式"按钮▇（仅限于打开与关闭）

（3）按功能键"F9"在开关状态间切换。

2．操作格式

按上述操作打开"草图设置"对话框，选择"捕捉和栅格"选项卡，如图3-47所示。

3．选项说明

（1）"启用捕捉"复选框：控制捕捉功能的开关，与按"F9"键或单击状态栏中的"捕捉模式"按钮功能相同。

（2）"捕捉间距"选项组：设置捕捉各参数。其中，"捕捉 X 轴间距"与"捕捉 Y 轴间距"确定捕捉栅格点在水平和垂直两个方向上的间距。

（3）"极轴间距"选项组：该选项组只有在"极轴捕捉"类型时才可用。可以在"极轴距离"文本中输入距离值，也可以通过"SNAP"命令设置捕捉有关参数。

（4）"捕捉类型"选项组：确定捕捉类型和样式。AutoCAD 提供两种捕捉栅格的方式，即"栅格捕捉"和"Polarsnap"（极轴捕捉）。"栅格捕捉"是指按正交位置捕捉位置点，而"Polarsnap"（极轴捕捉）则可以根据设置的任意极轴角捕捉位置点。

"栅格捕捉"又可分为"矩形捕捉"和"等轴测捕捉"两种方式。在"矩形捕捉"方式下捕捉栅格是标准的矩形；在"等轴测捕捉"方式下捕捉栅格和光标十字线不再互相垂直，而是成绘制等轴测图对的特定角度，这种方式对于绘制等轴测图是十分方便的。

第四节　对象捕捉与追踪

一、对象捕捉

在利用 AutoCAD 画图时经常要用到一些特殊的点，如圆心、切点、线段或圆弧的端点、中点等，如果仅用鼠标拾取，则要准确地找到这些点十分困难。为此，AutoCAD 提供了一些识别这些点的工具，通过这些工具可以轻松地构造出新的几何体，使创建的对象被精确地画出来，其结果比传统手工绘图更精确。在 AutoCAD 中，这种功能被称为对象捕捉功能。利用该功能，可以迅速、准确地捕捉到某些特殊点，从而迅速、准确地绘制出图形。

在状态栏中单击"对象捕捉"按钮，或者按"F3"键，可以启用或关闭对象捕捉模式。在"草图设置"对话框的"对象捕捉"选项卡中，系统提供了端点、中点、圆心、节点、象限点等 13 种对象捕捉模式(图 3-48)。勾上所需的一种或多种对象捕捉模式前面的复选框，绘图时即可实现特殊点的捕捉。

另外，如果在绘图过程中临时需要增加一种对象捕捉模式，则可以在按"Shift"键时单击鼠标右键，系统弹出如图 3-49 所示的快捷菜单，或在菜单栏选择"工具"→"工具栏"→"AutoCAD"→"对象捕捉"命令，打开"对象捕捉"工具栏(图 3-50)，直接单击所需的捕捉模式。需要注意的是，该捕捉模式仅一次有效。

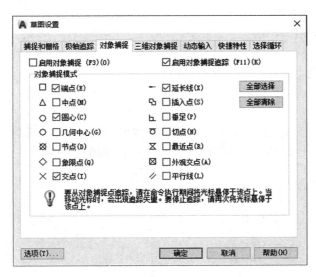

图 3-48　"对象捕捉"选项卡

图 3-49　"对象捕捉"快捷菜单

图 3-50　"对象捕捉"工具栏

二、对象捕捉追踪

对象捕捉追踪是指以捕捉到的特殊位置点为基点，按指定的极轴角或极轴角的倍数对齐要指定点的路径。

对象捕捉追踪必须配合对象捕捉功能一起使用，即同时打开状态栏上的"对象捕捉"和"对象捕捉追踪"开关。

1. 打开方式

(1)在菜单栏选"工具"→"绘图设置"。

(2)在工具栏选"对象捕捉"→"对象捕捉设置"。

(3)在状态栏中选"对象捕捉"→"对象捕捉追踪"。

(4)按功能键"F11"在开关状态间切换。

(5)在命令行输入"DDOSNAP"。

2. 操作步骤

按照上面的执行方式或在"对象捕捉"或"对象捕捉追踪"开关上单击鼠标右键，在弹出的快捷菜单中选择"设置"命令，系统弹出"草图设置"对话框，然后选择"对象捕捉"选项卡，选中"启用对象捕捉追踪"复选框，即可完成对象捕捉追踪设置。

三、极轴追踪

极轴追踪是指按指定的极轴角或极轴角的倍数对齐要指定点的路径。极轴追踪必须配合对象捕捉追踪功能一起使用，即同时打开状态栏上的"极轴追踪"和"对象捕捉追踪"开关。

1. 执行开关

(1)在菜单栏选择"工具"→"绘图设置"命令。

(2)在工具栏选"对象捕捉"→"对象捕捉"设置。

(3)在状态栏中选"极轴追踪"。

(4)按功能键"F10"在开关状态间切换。

(5)在命令行输入"DDOSNAP"。

2. 操作步骤

按照上面的执行方式或者在"极轴追踪"开关上单击鼠标右键，在弹出的快捷菜单中选择"正在追踪设置"命令，系统弹出如图 3-51 所示的"草图设置"对话框，选择"极轴追踪"选项卡。

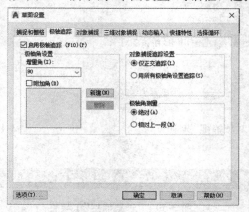

图 3-51　"草图设置"对话框中"极轴追踪"选项卡

(1)"启用极轴追踪"复选框：选中该复选框，即启用极轴追踪功能。

(2)"极轴角设置"选项组：设置极轴角的值。可以在"增量角"下拉列表框中选择一种角度值，也可以选中"附加角"复选框，单击"新建"按钮设置任意附加角。系统在进行极轴追踪时，同时追踪增量角和附加角，可以设置多个附加角。

(3)"对象捕捉追踪设置"和"极轴角测量"选项组：按界面提示设置相应单选按钮。

第五节　动态输入

"动态输入"功能在光标附近提供了一个命令界面，以帮助使用者专注于绘图区域。启用"动态输入"时，工具栏提示将在光标附近显示信息，该信息会随着光标移动而动态更新。当某条命令为活动时，工具栏提示将为使用者提供输入的位置。

执行此命令或使用夹点所需的动作与命令行中的动作类似，区别是使用者的注意力可以保持在光标附近。动态输入不会取代命令行，可以隐藏命令行以增加绘图屏幕区域，但是在有些操作中还是需要显示命令行。按"F2"键可根据需要隐藏和显示命令提示与错误消息。另外，也可以浮动命令行，并使用"自动隐藏"功能来展开或卷起该窗口。

1. 打开方式

单击状态栏"动态输入"按钮 使其激活或切换功能键"F12"。

2. 设置方式

执行"工具"→"绘图设置"命令或将光标置于"对象捕捉"按钮上，单击鼠标右键，选择"设置"选项，弹出如图 3-52 所示的对话框。单击"绘图工具提示外观"按钮，弹出如图 3-53 所示的对话框，拉动"大小"选项的滑块可以调整提示框的大小。

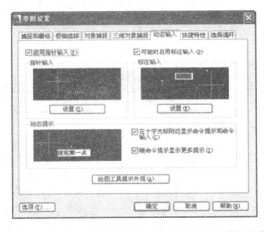

图 3-52　"草图设置"对话框中的"动态输入"选项卡

图 3-53　"工具提示外观"对话框

使用者启动"动态输入"功能后，其工具栏提示："将在光标附近显示信息，该信息会随着光标的移动而动态更新"，例如，在执行"画线"命令时，单击确定第一点后会显示提示信息，如图 3-54所示。在输入字段中输入值如"500"并按"Tab"键后，该字段显示一个锁形图标，表明线段的长度已经确定，随后在第二个输入字段中输入角度数值如"45"，如图3-55所示，再次按"Tab"键，锁定角度值，然后单击确定出斜线的第二点位置。

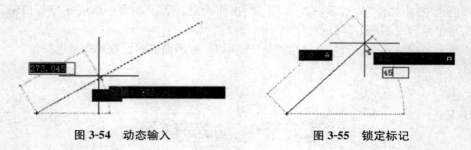

图 3-54　动态输入　　　　　　　　　　图 3-55　锁定标记

第六节　上机操作

【实训 1】　新建图层。

创建如图 3-56 所示的图层，并设置"墙体"层为当前层。

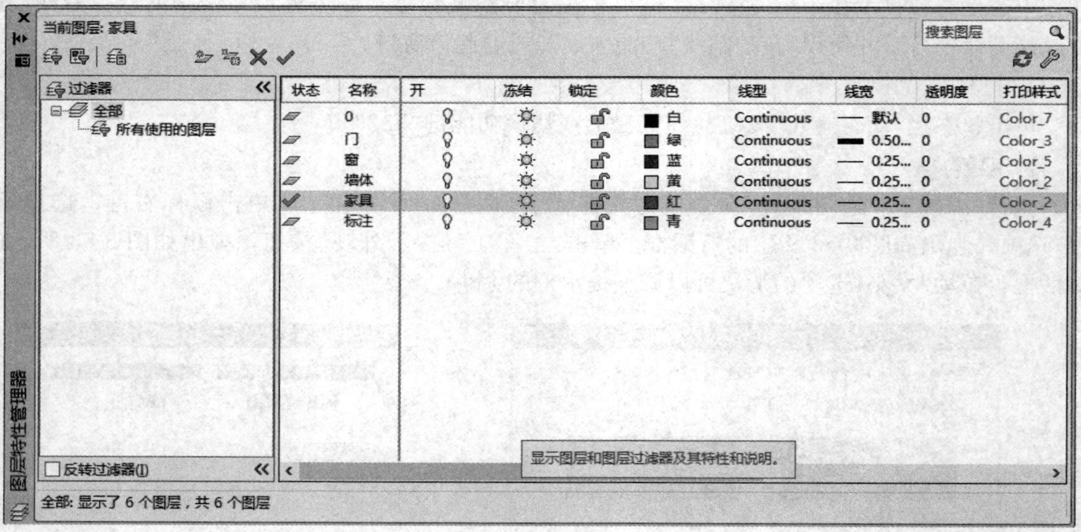

状态	名称	开	冻结	锁定	颜色	线型	线宽	透明度	打印样式
	0				■ 白	Continuous	—— 默认	0	Color_7
	门				■ 绿	Continuous	—— 0.50...	0	Color_3
	窗				■ 蓝	Continuous	—— 0.25...	0	Color_5
	墙体				□ 黄	Continuous	—— 0.25...	0	Color_2
✓	家具				■ 红	Continuous	—— 0.25...	0	Color_2
	标注				■ 青	Continuous	—— 0.25...	0	Color_4

当前图层: 家具　　　　　　　　　　　　　　　　　　　搜索图层

全部: 显示了 6 个图层，共 6 个图层

图 3-56　新建图层

门：绿色、线型 Continuous、线宽 0.50；

窗：蓝色、线型 Continuous、线宽 0.25；

墙体：黄色、线型 Continuous、线宽 0.25；

家具：红色、线型 Continuous、线宽 0.25；

标注：青色、线型 Continuous、线宽 0.25。

【解】　操作步骤如下：

(1)在菜单栏中选择"格式"→"图层"命令，打开"图层特性管理器"对话框。

(2)单击"新建图层"按钮，在亮显的"图层 1"文本框中输入"门"。

（3）单击"颜色"图标 ■ 白，在"选择颜色"对话框中选取"绿色"，单击"确定"按钮，返回"图层特性管理器"对话框。

（4）单击"线宽"图标 —— 默认，在"线宽"对话框中选取"0.50 mm"，单击"确定"按钮，返回"图层特性管理器"对话框。

（5）单击"新建"按钮 ，在亮显的"图层1"文本框中输入"窗"。

（6）单击"颜色"图标 ■ 白，在"选择颜色"对话框中选取"蓝色"，单击"确定"按钮，返回"图层特性管理器"对话框。

（7）单击"线宽"图标 —— 默认，在"线宽"对话框中选取"0.25 mm"，单击"确定"按钮，返回"图层特性管理器"对话框。

（8）单击"新建"按钮 ，在亮显的"图层1"文本框中输入"墙体"。

（9）单击"颜色"图标 ■ 白，在"选择颜色"对话框中选取"黄色"，单击"确定"按钮，返回"图层特性管理器"对话框。

（10）单击"线宽"图标 —— 默认，在"线宽"对话框中选取"0.25 mm"，单击"确定"按钮，返回"图层特性管理器"对话框。

（11）单击"新建"按钮 ，在亮显的"图层1"文本框中输入"家具"。

（12）单击"颜色"图标 ■ 白，在"选择颜色"对话框中选取"红色"，单击"确定"按钮，返回"图层特性管理器"对话框。

（13）单击"线宽"图标 —— 默认，在"线宽"对话框中选取"0.25 mm"，单击"确定"按钮，返回"图层特性管理器"对话框。

（14）单击"新建"按钮 ，在亮显的"图层1"文本框中输入"标注"。

（15）单击"颜色"图标 ■ 白，在"选择颜色"对话框中选取"青色"，单击"确定"按钮，返回"图层特性管理器"对话框。

（16）单击"线宽"图标，在"线宽"对话框中选取"0.25 mm"，单击"确定"按钮，返回"图层特性管理器"对话框。

（17）单击"家具"层名，单击"置为当前"按钮 。

（18）可保存含此设置的图形文件，作为自己的"样板图"文件，以备绘制其他图形时调用。

【实训2】 修改编辑图层。

修改如图 3-57 所示图层的特性，将结构工字钢及镀锌钢统改为虚线表示。

【解】（1）在菜单栏中选择"格式"→"图层"命令，系统弹出"图层特性管理器"对话框，如图 3-58 所示。

（2）选择需要修改的图层，更改图层特性，如图 3-59 所示。

（3）在修改图层特性的同时，文件也被修改。单击"关闭"按钮，关闭"图层特性管理器"对话框，最后效果如图 3-60 所示。

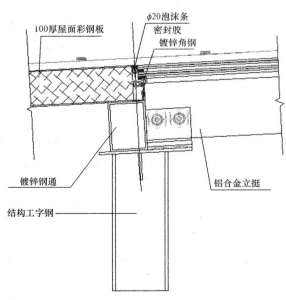

图 3-57　原始文件效果

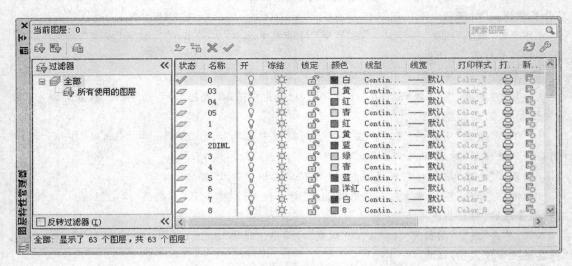

图 3-58 "图层特性管理器"对话框

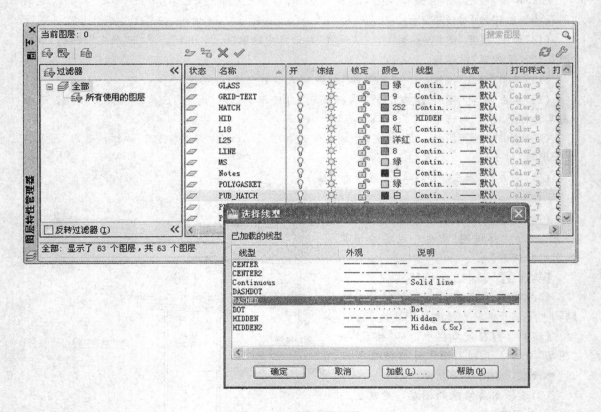

图 3-59 更改图层特性

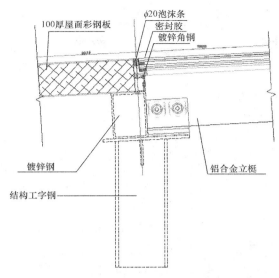

100厚屋面彩钢板 φ20泡沫条 密封胶 镀锌角钢 镀锌钢 结构工字钢 铝合金立梃

图 3-60　修改后的效果

本章小结

本章主要介绍了图层的设置、块操作、精确定位工具、对象捕捉与追踪、动态输入几个方面的内容。

1. 图层的应用应先了解图层的对象特性，掌握图层特性管理器的打开方式及其对话框中各选项的含义。创建新图层的方法有几种，可通过常用选项卡、菜单的格式，也可通过图层工具栏及命令行；图层创建的过程中涉及图层命名，以及图层颜色、线型和线宽设置等。创建图层后，可对图层进行管理，包括修改图层状态、删除图层、设置当前图层等。

2. 块操作包括定义图块、保存图块、插入图块等，通常情况下，无论是执行"BLOCK"块命令还是执行"WBLOCK"写块命令，制作的块都是固定不变的，块作为一个整体对象，若要对其编辑修改，则需要先执行分解操作。图块的属性包括定义图块属性、修改图块属性、编辑图块属性等。对于完成图形部分相同、标记部分不同的建筑工程图绘制，利用定义图块属性命令十分方便。

3. 精确的定位工具是指能够帮助用户快速、准确地定位某些特殊点（如端点、中点、圆心等）和特殊位置（如水平位置、垂直位置）的工具，精确定位工具主要集中在状态栏上。

4. 在绘制 AutoCAD 2020 图形时，可以通过对象捕捉功能来捕捉特殊点（如圆心、端点、中点、平行线上的点等）。

5. "动态输入"功能在光标附近提供了一个命令界面，以帮助使用者专注于绘图区域。启用"动态输入"时，工具栏提示将在光标附近显示信息，该信息会随着光标移动而动态更新。

1. 如何设置图层的颜色、线型和线宽?

2. 如何修改非连续线型的线型比例?

3. 使用"图层特性管理器"对话框新建三个图层。

4. 如何将一个图层中的图形转换到另一个图层中?

5. 怎样定义块?

6. "BLOCK"命令与"WBLOCK"命令有什么区别?

7. 如何定义图块属性?

8. 利用图块属性功能绘制如图 3-61 所示的居室平面图,并标明房间的功能。

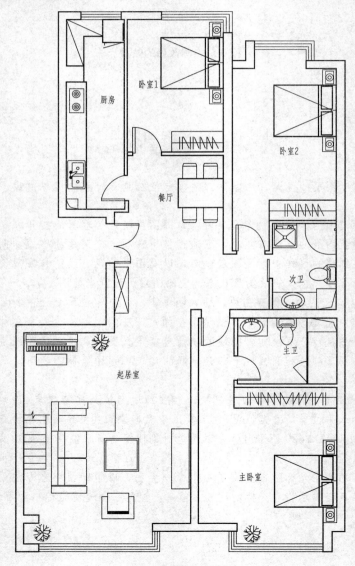

图 3-61 居室平面图

9. 绘制如图 3-62 所示的指北针图形，命名为"指北针"，并创建成独立图块进行保存。

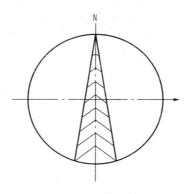

图 3-62　指北针

10. 什么是栅格？栅格的执行方式有哪些？
11. 什么是对象捕捉追踪？其打开方式有哪些？

第四章　AutoCAD 2020 图形编辑

第一节　基本编辑工具

AutoCAD 2020 提供的修改工具包括删除、复制、镜像、偏移、阵列、移动、旋转、缩放、拉伸、修剪、延伸、打断于点、打断、合并、倒角、圆角、光顺曲线、分解等。"修改"工具栏如图 4-1 所示。

图 4-1　"修改"工具栏

一、删除对象

在实际绘图过程中，时常要对一些多余的图形对象进行删除操作，这时需要用到"删除"命令。执行删除命令有以下几种方法：

（1）在菜单栏中选择"修改"→"删除"命令。

（2）在"修改"工具栏中单击"删除"按钮 ，如图 4-1 所示。

（3）在功能区"默认"选项卡"修改"面板中单击"删除"按钮 。

（4）在命令行中输入"ERASE"后按"Enter"键。

按上述任意一种方法进行操作后，系统提示选择要删除的对象，且在绘图区会出现□图标，然后移动鼠标到要删除图形对象的位置，单击选中图形后再按"Enter"键，即可完成删除图形的操作。

要删除选定的图形对象，也可以在选择要删除的图形对象后，在绘图区单击鼠标右键，从弹出的快捷菜单中选择"删除"命令。另外，还可以通过按"Delete"键删除选定的图形对象。

二、复制对象

AutoCAD 2020 为用户提供了"复制"命令，可方便地将已绘制好的图形复制到其他地方。

（一）执行方式

（1）在菜单栏中选择"修改"→"复制"命令。

（2）在"修改"工具栏中单击"复制"按钮 ，如图 4-1 所示。

（3）在功能区"默认"选项卡"修改"面板中单击"复制"按钮 。

（4）在命令行中输入"COPY"后按"Enter"键。

（二）操作格式

（1）选择"复制"命令后，命令行提示如下：

命令：_ copy

选择对象：

（2）在提示下选取实体，如图 4-2 所示，命令行也将显示被选中的物体，提示如下：

选择对象：找到 1 个

选择对象：找到 1 个，总计 2 个

选择对象：↙

在 AutoCAD 2020 中，此命令默认用户会继续选择下一个实体，单击鼠标右键或按"Enter"键即可结束选择。

（3）AutoCAD 2020 会提示用户指定基点或位移，命令行提示如下：

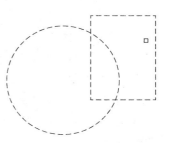

图 4-2　选取实体后绘图区所显示的图形

当前设置：复制模式= 多个

指定基点或[位移 (D) /模式 (O)]〈位移〉：↙

（4）选项说明。

1）"基点"。指定的第一点为基点，指定基点后绘图区如图 4-3 所示，此时命令行将提示用户指定第二点或使用第一个点作为位移，命令行提示如下：

指定第二个点或[阵列 (A)]〈使用第一个点作为位移〉：↙

指定第二点后绘图区如图 4-4 所示。指定的两点定义一个矢量，表示复制的对象的距离和方向。如果在"指定第二点"提示下直接按"Enter"键，则第一个点将被认为是相对 X、Y、Z 的位移。例如，如果指定基点为(2，3)并在下一个提示下按"Enter"键，对象将被复制到距其当前位置在 X 方向上 2 个单位、在 Y 方向上 3 个单位的位置。

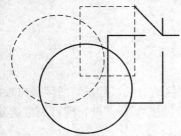
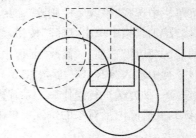

图 4-3 指定基点后绘图区所显示的图形　　　**图 4-4 指定第二点后绘图区所显示的图形**

指定完第二点，命令行将提示用户指定第二点或退出(E)、放弃(U)，命令行提示如下：

指定第二个点或［阵列(A)/退出(E)/放弃(U)］〈退出〉：↙

用复制命令绘制的图形如图 4-5 所示。

2)"位移"。使用坐标指定相对距离和方向。

3)"模式"。控制命令是否自动重复。选择该选项后，命令行提示如下：

输入复制模式选项［单个(S)/多个(M)］〈多个〉：↙

用户可以根据实际情况选择"单个"选项或"多个"选项。系统默认的复制模式选项为"多个"。

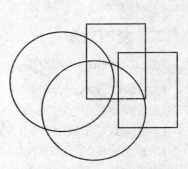

图 4-5 用"复制"命令绘制的图形

三、移动对象

移动图形对象是使某一图形对象沿着基点移动一段距离，使对象到达合适的位置。

(一)执行方式

(1)在菜单栏中选择"修改"→"移动"命令。

(2)在"修改"工具栏中单击"移动"按钮，如图 4-1 所示。

(3)在功能区"默认"选项卡"修改"面板中单击"移动"按钮。

(4)在命令行中输入"MOVE"后按"Enter"键。

(二)操作格式

按以上任意一种方式操作后，出现图标，将鼠标放到要移动图形对象的位置，单击选择需要移动的图形对象，然后单击鼠标右键。AutoCAD 提示用户选择基点，选择基点后移动鼠标至相应的位置，命令行提示如下：

命令：_move

选择对象：

在提示下选取实体，如图 4-6 所示，命令行也将

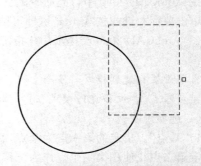

图 4-6 选取实体后绘图区所显示的图形

显示选中的物体，提示如下：

　　选择对象：找到 1 个

　　选择对象：↙

　　在 AutoCAD 2020 中，此命令默认用户会继续选择下一个实体，单击鼠标右键或按"Enter"键即可结束选择。选取实体后命令行提示如下：

　　指定基点或[位移(D)]〈位移〉：↙　　　　　　　　　　（选择基点后按"Enter"键）

　　指定第二个点或〈使用第一个点作为位移〉：↙

　　指定基点后，绘图区如图 4-7 所示。最终移动后的图形如图 4-8 所示。

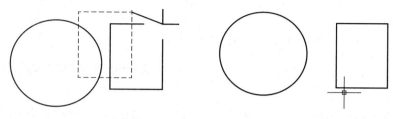

图 4-7　指定基点后绘图区
所显示的图形　　　　　　**图 4-8　移动后的图形**

【例 4-1】　用"移动"命令将图 4-9(a)中的六边形和小圆移至图 4-9(b)所示的大圆内，结果如图 4-9(c)所示。

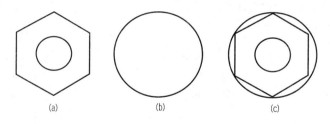

(a)　　　　　　　　(b)　　　　　　　　(c)

图 4-9　移动图形

【解】　操作步骤如下：

(1)在菜单栏中选择"修改"→"移动"命令。

(2)提示"选择对象："时，选择六边形和小圆。

(3)提示"选择对象："时，按"Enter"键结束选择对象。

(4)提示"指定基点或[位移(D)]〈位移〉："时，指定小圆的中心点。

(5)提示"指定第二个点或〈使用第一个点作为位移〉："时，选择大圆的中心点。

四、旋转对象

　　"旋转"命令用于旋转单个或一组对象并改变其位置。该命令需要先确定一个基点，所选实体绕基点旋转。

(一)执行方式

(1)在菜单栏中选择"修改"→"旋转"命令。

(2)在"修改"工具栏中单击"旋转"按钮，如图 4-1 所示。

(3)在功能区"默认"选项卡"修改"面板中单击"旋转"按钮 。

(4)在命令行中输入"ROTATE"后按"Enter"键。

(二)操作格式

按以上任意一种方式操作后，绘图区出现 □ 图标，将鼠标放到要旋转的图形对象的位置，单击选择需要移动的图形对象后单击鼠标右键，AutoCAD提示用户选择基点，选择基点后，移动鼠标至相应的位置，命令行提示如下：

命令：_ rotate

UCS 当前的正角方向：ANGDIR= 逆时针　ANGBASE= 0

选择对象：

在提示下选取实体，如图 4-10 所示，命令行也将显示选中的物体，提示如下：

图 4-10　选取实体时绘图区所显示的图形

选择对象：找到 1 个

选择对象：

同样，此命令默认用户会继续选择下一个实体，单击鼠标右键或按"Enter"键即可结束选择。选取实体后，命令行提示如下：

指定基点：✓

指定基点后绘图区域如图 4-11 所示，命令行提示如下：

指定旋转角度，或[复制(C)/参照(R)]〈0〉：✓

最终旋转后的图形如图 4-12 所示。

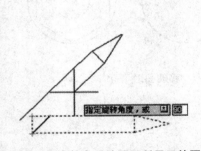

图 4-11　指定基点后绘图区所显示的图例

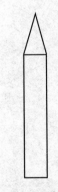

图 4-12　用"旋转"命令绘制的图形

【例 4-2】　用"旋转"命令旋转如图 4-13 所示的图形。

【解】　操作步骤如下：

(1)在菜单栏中选择"修改"→"旋转"命令。

(2)提示"UCS 当前的正角方向：ANGDIR＝逆时针 ANGBASE＝0　选择对象："时，指定矩形对象。

(3)提示"选择对象："时，按"Enter"键结束选择对象。

(4)提示"指定基点："时，捕捉矩形左下角点为基点。

(5)提示"指定旋转角度，或[复制(C)/参照(R)]〈0.00〉："时，输入"30"，按"Enter"键复制对象。

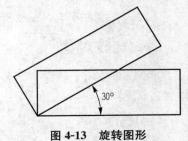

图 4-13　旋转图形

五、缩放对象

在 AutoCAD 2020 中,可以通过"缩放"命令来使实际的图形对象放大或缩小。

(一)执行方式

(1)在菜单栏中选择"修改"→"缩放"命令。

(2)在"修改"工具栏中单击"缩放"按钮 回,如图 4-1 所示。

(3)在功能区"默认"选项卡"修改"面板中单击"缩放"按钮 回。

(4)在命令行中输入"SCALE"后按"Enter"键。

(二)操作格式

按以上任意一种方式操作后,绘图区出现 口 图标,AutoCAD 2020 提示用户选择需要缩放的图形对象,将鼠标放到要缩放的图形对象位置,单击选择需要缩放的图形对象后单击鼠标右键,AutoCAD 2020 提示用户选择基点。选择基点后,在命令行中输入缩放比例系数后按"Enter"键,缩放完毕。命令行提示如下:

命令:_ scale

选择对象:

在提示下选取实体,如图 4-14 所示,命令行也将显示选中的物体,提示如下:

选择对象:找到 1 个

选择对象:找到 1 个,总计 2 个

选择对象:找到 1 个,总计 3 个

选择对象:↙

图 4-14 选取实体绘图区所显示的图形

同样,此命令默认用户会继续选择下一个实体,单击鼠标右键或按"Enter"键即可结束选择。选取实体后,命令行提示如下:

指定基点:↙

指定的基点表示选定对象的大小发生改变(从而远离静止基点)时位置保持不变的点。指定基点后,绘图区如图 4-15 所示,命令行提示如下:

指定比例因子或[复制(C)/参照(R)]:0.5↙

缩小后的最终图形如图 4-16 所示。

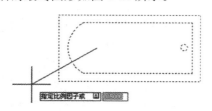

图 4-15 指定基点后绘图区所显示的图形

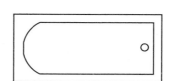

图 4-16 用缩放命令将图形对象缩小后的效果

这里简单介绍"比例因子""复制""参照"选项的功能含义。

"比例因子":按指定的比例放大选定对象的尺寸。大于 1 的比例因子使对象放大,介于 0 和 1 之间的比例因子使对象缩小。另外,还可以拖动鼠标,使对象变大或变小。

"复制":创建要缩放的选定对象的副本。

"参照"：按参照长度和指定的新长度缩放所选对象。选择此选项后，命令行提示如下：

指定参照长度⟨1.0000⟩：　　　　　　　　（指定缩放选定对象的起始长度）

指定新的长度或[点(P)]⟨1.0000⟩：　　　（指定将选定对象缩放到的最终长度，或输入"P"使用两点来定义长度）

六、镜像对象

AutoCAD为用户提供了"镜像"命令，使用该命令可以根据已经绘制好的一半图形快速地绘制另一半对称的图形，从而完成整个图形的绘制。

(一)执行方式

(1)在菜单栏中选择"修改"→"镜像"命令。

(2)在"修改"工具栏中单击"镜像"按钮 ，如图4-1所示。

(3)在功能区"默认"选项卡"修改"面板中单击"镜像"按钮 。

(4)在命令行中输入"MIRROR"后按"Enter"键。

(二)操作格式

按以上任意一种方式操作后，绘图区出现 图标，命令行提示如下：

命令：_ mirror

选择对象：

在提示下选取实体，如图4-17所示，命令行也将显示选中的物体，提示如下：

选择对象：找到1个

选择对象：找到1个，总计2个

选择对象：

同样，此命令默认用户会继续选择下一个实体，单击鼠标右键或按"Enter"键即可结束选择。选取实体后，命令行提示如下：

指定镜像线的第一点：　　　　　　　（选择镜像线的一个端点）

指定镜像线的第二点：　　　　　　　（选择镜像线的另一个端点）

指定镜像线的第一点后，绘图区如图4-18所示。指定镜像线的第二点后，系统会询问用户是否要删除原图形，命令行提示如下：

要删除源对象吗？[是(Y)/否(N)]⟨N⟩：

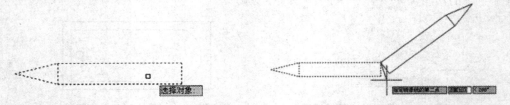

图4-17　选取实体后绘图区所显示的图形　　图4-18　指定镜像线的第一点后绘图区所显示的图形

用镜像命令最终绘制的图形如图4-19所示。

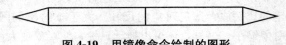

图4-19　用镜像命令绘制的图形

【例4-3】 用"镜像"命令将左侧图形镜像生成对称的右侧部分，如图4-20所示。

【解】 操作步骤如下：

（1）在菜单栏中选择"修改"→"镜像"命令。

（2）提示"选择对象："时，选择左侧所有镜像对象。

（3）提示"选择对象："时，按"Enter"键结束选取镜像对象。

图4-20　镜像图形

（4）提示"指定镜像线的第一点："时，指定镜像线的第一点A。

（5）提示"指定镜像线的第二点："时，指定镜像线的第二点B。

（6）提示"要删除源对象吗？［是（Y）/否（N）］〈N〉："时，按"Enter"键不删除源对象，结束命令。

七、偏移对象

当两个图形严格相似，只在位置上有偏差时，可以用偏移命令。AutoCAD提供了"偏移"命令使用户可以很方便地绘制此类图形，特别是要绘制许多相似的图形时，此命令要比使用复制命令快捷。通常使用该命令创建同心圆、平行线和平面曲线。

（一）执行方式

（1）在菜单栏中选择"修改"→"偏移"命令。

（2）在"修改"工具栏中单击"偏移"按钮，如图4-1所示。

（3）在功能区"默认"选项卡"修改"面板中单击"偏移"按钮。

（4）在命令行中输入"OFFSET"后按"Enter"键。

（二）操作格式

按以上任意一种方式操作后，绘图区出现口图标，命令行提示如下：

命令：OFFSET

当前设置：删除源＝否　图层＝源　OFFSETGAPTYPE＝0

指定偏移距离或［通过(T)/删除(E)/图层(L)］〈通过〉：

各选项的功能含义如下：

（1）"指定偏移距离"选项：在距现有对象指定的距离处创建对象。指定偏移距离后，还需要选择要偏移的对象和指定偏移在哪一侧。具体操作过程如下：

1）指定偏移距离时，绘图区如图4-21所示。指定偏移距离后，命令行提示如下：

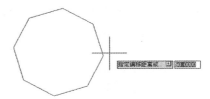

图4-21　指定偏移距离时绘图区所显示的图形

指定偏移距离或［通过(T)/删除(E)/图层(L)］〈通过〉：10↙

选择要偏移的对象，或［退出(E)/放弃(U)］〈退出〉：

（选择一个要偏移的对象，或输入选项，或按"Enter"键结束命令）

2）选择要偏移的对象后，绘图区域如图4-22所示。选择要偏移的对象后，命令行提示如下：

指定要偏移的那一侧上的点，或［退出(E)/多个(M)/放弃(U)］〈退出〉：

(指定对象上要偏移那一侧的点或输入选项)

3)指定要偏移的那一侧上的点后，绘制的图形如图4-23所示。

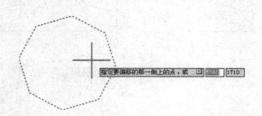

图4-22　选择要偏移的对象后绘图区所显示的图形　　图4-23　用偏移命令绘制的图形

(2)"通过(T)"选项：创建通过指定点的对象［注意：要在偏移带角点的多段线时获得最佳效果，应在直线段中点附近(而非角点附近)指定通过点］。选择此选项后，命令行提示如下：

指定偏移距离或［通过(T)/删除(E)/图层(L)］〈10.0000〉：t↙

选择要偏移的对象，或［退出(E)/放弃(U)］〈退出〉：

(选择一个要偏移的对象，或按"Enter"键结束命令)

指定通过点或［退出(E)/多个(M)/放弃(U)］〈退出〉：

(指定偏移对象要通过的点或输入距离)

(3)"删除(E)"选项：用于设置偏移源对象后是否将其删除。

(4)"图层(L)"选项：确定将偏移对象创建在当前图层上还是源对象所在的图层上。

【例4-4】　用"偏移"命令将如图4-24所示的多边形向内或向外偏移10 mm。

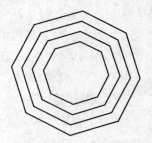

图4-24　偏移图形

【解】　操作步骤如下：

(1)在菜单栏中选择"修改"→"偏移"命令。

(2)提示"当前设置：删除源＝否　图层＝源　OFFSETGAPTYPE＝0　指定偏移距离或［通过(T)/删除(E)/图层(L)］〈通过〉："时，输入偏移距离"10"后按"Enter"键。

(3)提示"选择要偏移的对象，或［退出(E)/放弃(U)］〈退出〉："时，选取偏移对象。

(4)提示"指定要偏移的那一侧上的点，或［退出(E)/多个(M)/放弃(U)］〈退出〉："时，选取内侧点或外侧点。

(5)提示"选择要偏移的对象，或［退出(E)/放弃(U)］〈退出〉："时，再次选取偏移对象。

(6)提示"指定要偏移的那一侧上的点，或［退出(E)/多个(M)/放弃(U)］〈退出〉："时，继续选取内侧点或外侧点。

(7)提示"选择要偏移的对象，或［退出(E)/放弃(U)］〈退出〉："时，按"Enter"键结束偏移命令。

八、阵列对象

阵列对象是指创建按指定方式排列的多个对象副本，AutoCAD为用户提供了"阵列"命令，包括矩形阵列🔡、环形阵列✦和路径阵列✦三种。

(一)执行方式

(1)在菜单栏中选择"修改"→"阵列"→"矩形阵列""路径阵列""环形阵列"命令。

(2)在工具栏中单击 按钮，选择"矩形阵列" /"路径阵列" /"环形阵列" 命令。

(3)在功能区"默认"选项卡"修改"面板中单击"矩形阵列"按钮 。

(4)在命令行中输入"ARRAY"后按"Enter"键。

(二)操作路径

命令：ARRAY

选择对象：找到 1 个

选择对象：

输入阵列类型［矩形(R)/路径(PA)/极轴(PO)］〈矩形〉：R

类型 = 矩形关联 = 是

选择夹点以编辑阵列或［关联(AS)/基点(B)/计数(COU)/间距(S)/列数(COL)/行数(R)/层数(L)/退出(X)］〈退出〉：S

指定列之间的距离或［单位单元(U)］〈1 518.931 6〉：1 500

指定行之间的距离〈690.183 8〉：700

选择夹点以编辑阵列或［关联(AS)/基点(B)/计数(COU)/间距(S)/列数(COL)/行数(R)/层数(L)/退出(X)］〈退出〉：

【例 4-5】 用"环形阵列"命令将图 4-25(a)中左侧的小圆作环形阵列，结果如图 4-25(b)所示。

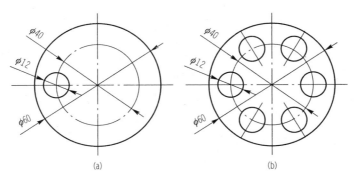

图 4-25 环形阵列图形

(a)原图；(b)结果

【解】 操作步骤如下：

(1)在菜单栏中选择"修改"→"阵列"→"环形阵列"命令。

(2)根据命令行提示进行下列操作：

命令：_ arraypolar

选择对象：找到 1 个　　　　　　　　　　　　(选择需要阵列的左侧小圆)

选择对象：✓　　　　　　　　　　　　　　　(按"Enter"键结束选择对象)

类型= 极轴　关联= 是

指定阵列的中心点或［基点(B)/旋转轴(A)］：✓　　(用鼠标选取大圆的圆心)

选择夹点以编辑阵列或［关联(AS)/基点(B)/项目(I)/项目间角度(A)/填充角度(F)/行

(ROW) /层 (L) /旋转项目 (ROT) /退出 (X)〉〈退出〉:I✓   (选择"项目"选项)

　　输入阵列中的项目数或[表达式(E)]〈8〉:6✓   (输入项目数"6")

　　选择夹点以编辑阵列或[关联(AS)/基点(B)/项目(I)/项目间角度(A)/填充角度(F)/行

(ROW) /层 (L) /旋转项目 (ROT) /退出 (X)]〈退出〉:F✓   (选择"填充角度"项目)

　　指定填充角度(+ = 递时针、-= 顺时针)或

[表达式(EX)]〈360〉:✓   (按"Enter"键选择默认角度)

　　选择夹点以编辑阵列或[关联(AS)/基点(B)/项目(I)/项目间角度(A)/填充角度(F)/行

(ROW) /层 (L) /旋转项目 (ROT) /退出 (X)]〈退出〉:ROT✓   (选择"旋转项目"选项)

　　是否旋转阵列项目?[是(Y)/否(N)]〈是〉:✓   (按"Enter"键选择默认"是"选项)

　　选择夹点以编辑阵列或[关联(AS)/基点(B)/项目(I)/项目间角度(A)/填充角度(F)/行

(ROW) /层 (L) /旋转项目 (ROT) /退出 (X)]〈退出〉:✓   (按"Enter"键结束命令)

　　(3)最终的绘图结果如图 4-25(b)所示。

第二节　扩展编辑工具

　　在 AutoCAD 2020 编辑工具中有一部分属于扩展编辑工具,如拉伸、拉长、修剪、延伸、打断、倒角、圆角、分解等。

一、拉伸对象

　　"拉伸"命令用于按规定的方向和角度拉长或缩短实体。它可以拉长、缩短或者改变对象的形状,实体的选择只能用交叉选择窗口(又称"窗交窗口")方式,与窗口相交的实体将被拉伸,窗口内的实体将随之移动。需要注意的是,圆、椭圆和块等一些对象无法被拉伸。

(一)执行方式

　　(1)在菜单栏中选择"修改"→"拉伸"命令。

　　(2)在"修改"工具栏中单击"拉伸"按钮，如图 4-1 所示。

　　(3)在功能区"默认"选项卡"修改"面板中单击"拉伸"按钮。

　　(4)在命令行中输入"STRETCH"后按"Enter"键。

(二)操作格式

　　按以上任一种方式操作后,绘图区出现图标,命令行提示如下:

命令:_ stretch

以交叉窗口或交叉多边形选择要拉伸的对象...

选择对象:

　　在提示下使用"圈交"选项或交叉对象选择方法,指定对象中要拉伸的部分。以交叉窗口选择对象时,绘图区域如图 4-26 所示。使用交叉窗口方式选择对象时,应注意在交叉窗口中必须至少包含一个顶点或端点。还应注意"拉伸"命令仅移动位于交叉窗口内的顶点和端点,而不更改位于交叉窗口外部的顶点和端点。同时,不修改三维实体、多段线宽度、切线或曲线拟合的信息。

选取拉伸对象后，命令行将显示选中的物体，提示如下：

选择对象：指定对角点：找到 1 个

选择对象：

指定对角点后，绘图区如图 4-27 所示。此命令默认用户会继续选择下一个实体对象，单击鼠标右键或按"Enter"键即可结束选择。结束选取对象后，命令行提示如下：

指定基点或［位移（D）］〈位移〉：

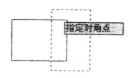 

图 4-26　选择对象后
绘图区所显示的图形

图 4-27　指定对角点后
绘图区所显示的图形

指定基点将计算自该基点的拉伸的偏移，此基点可以位于拉伸的区域的外部。指定基点后，绘图区如图 4-28 所示，同时系统提示选择第二个点，命令行中提示如下：

指定第二个点或〈使用第一个点作为位移〉：

指定第二个点，该点定义拉伸的距离和方向。从基点到此点的距离和方向将定义对象的选定部分拉伸的距离和方向。若选择"使用第一个点作为位移"选项，则指定拉伸的距离和方向将基于从图形中的（0，0，0）标到指定基点的距离和方向。指定第二个点后，绘制的图形如图 4-29 所示。

图 4-28　指定基点后绘图区所显示的图形　　　　图 4-29　用拉伸命令绘制的图形

【例 4-6】　用"拉伸"命令将图 4-30（a）所示的图形拉伸为如图 4-30（b）所示的图形。

图 4-30　拉伸图形

【解】　操作步骤如下：

（1）在菜单栏中选择"修改"→"拉伸"命令。

（2）提示"以交叉窗口或交叉多边形选择要拉伸的对象…选择对象："时，以交叉窗口方式选择对象。

（3）提示"选择对象："时，按"Enter"键结束选择对象。

（4）提示"指定基点或［位移（D）］〈位移〉："时，选择右侧圆心点。

（5）提示"指定第二个点或〈使用第一个点作为位移〉："时，向右侧拉伸输入"15"后按"Enter"键，拉伸结果如图 4-30（b）所示。

二、拉长对象

在已绘制好的图形上，有时需要将图形的直线、圆弧的尺寸放大或缩小，或要知道直线的长度值，可以用拉长命令来改变长度或读出长度值。

(一)执行方式

(1)在菜单栏中选择"修改"→"拉长"命令。

(2)在功能区"默认"选项卡"修改"面板中单击"拉长"按钮 。

(3)在命令行中输入"LENGTHEN"后按"Enter"键。

(二)操作格式

按以上任意一种方式操作后，绘图区出现 图标，命令行提示如下：

命令：_ lengthen

选择对象或[增量(DE)/百分数(P)/全部(T)/动态(DY)]：

各选项含义如下：

(1)"选择对象"选项：选择此选项，将显示对象的长度和包含角(如果对象有包含角)。

(2)"增量(DE)"选项：选择此选项，将以指定的增量修改对象的长度，该增量从距离选择点最近的端点处开始测量。差值以指定的增量修改圆弧的角度，该增量也从距离选择点最近的端点处开始测量。应注意的是：若指定正值，将扩展对象；若指定负值，则修剪对象。在命令行中输入"DE"后按"Enter"键，命令行中提示如下：

输入长度增量或[角度(A)]〈0.0000〉：50↙　　(输入距离，选择"A"或按"Enter"键)

选择要修改的对象或[放弃(U)]：　　　　　(继续选择要拉长的对象或按"Enter"键结束)

其中，"长度增量"选项以指定的增量修改对象的长度；"角度(A)"选项以指定的角度修改选定圆弧的包含角。

输入长度增量后，绘图区如图4-31所示。用鼠标单击要修改的对象，用拉长命令绘制的图形如图4-32所示。

图 4-31　输入长度增量后
绘图区所显示的图形

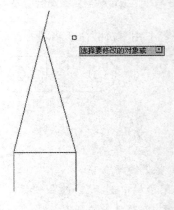

图 4-32　用拉长命令
绘制的图形

(3)"百分数(P)"选项：通过指定对象总长度的百分数设定对象长度。在命令行中输入"P"后按"Enter"键，命令行中提示如下：

输入长度百分数〈100.0000〉:↙

选择要修改的对象或[放弃(U)]:

(4)"全部(T)"选项:选择此选项,将通过指定从固定端点测量的总长度的绝对值来设定选定对象的长度。此选项也按照指定的总角度设置选定圆弧的包含角。在命令行中输入"T"后按"Enter"键,命令行中提示如下:

指定总长度或[角度(A)]〈1.0000〉:↙

选择要修改的对象或[放弃(U)]:

其中,"总长度"选项将对象从离选择点最近的端点拉长到指定值;"角度(A)"选项设定选定圆弧的包含角。

(5)"动态(DY)"选项:选择此选项,将打开动态拖动模式。通过拖动选定对象的端点之一来更改其长度,其他端点保持不变。

三、修剪对象

"修剪"命令的功能是将一个对象以另一个对象或它的投影面作为边界进行精确的修剪编辑。

(一)执行方式

(1)在菜单栏中选择"修改"→"修剪"命令。

(2)在"修改"工具栏中单击"修剪"按钮 ，如图 4-1 所示。

(3)在功能区"默认"选项卡"修改"面板中单击"修剪"按钮 。

(4)在命令行中输入"TRIM"后按"Enter"键。

(二)操作格式

按以上任意一种方式操作后,绘图区域出现 图标,命令行提示用户选择实体作为将要被修剪实体的边界,这时可选取修剪实体的边界。命令行提示如下:

命令:_ trim

当前设置:投影= UCS,边= 无

选择剪切边...

选择对象或〈全部选择〉:找到 1 个

选择对象:

指定一个或多个对象用作修剪边界(注意:要选择包含块的剪切边,只能使用单个选择、"窗交""栏选"和"全部选择"选项)。选择对象后,绘图区如图 4-33 所示。选取对象后,命令行提示如下:

选择要修剪的对象,或按住〈Shift〉键选择要延伸的对象,或[栏选(F)/窗交(C)/投影(P)/边(E)/删除(R)/放弃(U)]:

图 4-33 选择对象后绘图区所显示的图形

(选择要修剪的对象,或按住"Shift"键选择要延伸的对象,或输入选项)

各选项含义如下:

(1)"要修剪的对象"选项:指定修剪对象,可以选择多个修剪对象。如果有多个可能的修剪结果,那么由第一个选择点的位置来决定。

(2)"按住〈Shift〉键选择要延伸的对象"选项:结合〈Shift〉键进行选择,表示延伸选定对象而不是修剪它们。此选项提供了一种在修剪和延伸之间切换的简便方法。

（3）"栏选（F）"选项：选择与选择栏相交的所有对象。选择栏是一系列临时线段，它们是用两个或多个栏选点指定的。选择栏不构成闭合环。在命令行中输入"F"后按"Enter"键，命令行中提示如下：

指定第一个栏选点：

指定下一个栏选点或［放弃（U）］：

（4）"窗交（C）"选项：选择矩形区域（由两点确定）内部或与之相交的对象。应注意的是，某些要修剪的对象的窗交选择不确定时，将沿着矩形窗交窗口从第一个点以顺时针方向选择遇到的第一个对象。在命令行中输入"C"后按"Enter"键，命令行中提示如下：

指定第一个角点：指定对角点：

（5）"投影（P）"选项：指定修剪对象时使用的投影方式。在命令行中输入"P"后按"Enter"键，命令行中提示如下：

输入投影选项［无（N）/UCS（U）/视图（V）]〈UCS〉：

其中，"无（N）"选项指定无投影（该命令只修剪与三维空间中的剪切边相交的对象）；"UCS（U）"选项指定在当前用户坐标系 XY 平面上的投影（该命令将修剪不与三维空间中的剪切边相交的对象）；"视图（V）"选项指定沿当前观察方向的投影（该命令将修剪与当前视图中的边界相交的对象）。

（6）"边（E）"选项：确定对象是在另一对象的延长边处进行修剪，还是仅在三维空间中与该对象相交的对象处进行修剪。在命令行中输入"E"后按"Enter"键，命令行中提示如下：

输入隐含边延伸模式［延伸（E）/不延伸（N）]〈不延伸〉：

其中，"延伸（E）"选项将沿自身自然路径延伸剪切边，使它与三维空间中的对象相交；"不延伸（N）"选项是使指定对象只在三维空间中与其相交的剪切边处修剪。

（7）"删除（R）"选项：删除选定的对象。此选项提供了一种用来删除不需要的对象的简便方式，无须退出"TRIM"命令。

（8）"放弃（U）"选项：撤销由"TRIM"命令所做的最近一次更改。

【例 4-7】 修剪如图 4-34（a）所示图形，结果如图 4-34（b）所示。

【解】 操作步骤如下：

（1）在菜单栏中选择"修改"→"修剪"命令。

（2）显示当前模式，提示"当前设置：投影＝UCS，边＝无　选择剪切边…"，选择剪切边缘矩形上点。

（3）提示"选择对象或〈全部选择〉：找到1个"。

（4）提示"选择对象："，按"Enter"键结束边界选择。

（5）提示"选择要修剪的对象，或按住〈Shift〉键选择要延伸的对象，或［栏选（F）/窗交（C）/投影（P）/边（E）/放弃（U）]："，选择要修剪的对象。

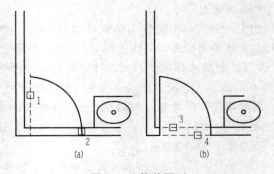

图 4-34　修剪图形

（6）提示"选择要的修剪对象，或按住〈Shift〉键选择要延伸的对象，或［栏选（F）/窗交（C）/投影（P）/边（E）/放弃（U）]："，按"Enter"键结束命令。

四、延伸对象

AutoCAD 2020 提供的延伸命令与修剪命令正好相反，它是将一个对象或它的投影面作为边界进行延长编辑。

(一)执行方式

(1)在菜单栏中选择"修改"→"延伸"命令。

(2)在"修改"工具栏中单击"延伸"按钮，如图 4-1 所示。

(3)在功能区"默认"选项卡"修改"面板中单击"延伸"按钮。

(4)在命令行中输入"EXTEND"后按"Enter"键。

(二)操作格式

按以上任意一种方式操作后，绘图区域出现捕捉按钮图标，命令行提示用户选择实体作为将要被延伸的边界，这时可选取延伸实体的边界。命令输入行提示如下：

命令：_ extend

当前设置：投影= UCS，边= 无

选择边界的边 ...

选择对象或〈全部选择〉：找到 1 个

   (选择一个或多个对象并按"Enter"键，或者按"Enter"键选择所有显示的对象)

选择对象后，绘图区域如图 4-35 所示。选取对象后，命令行提示如下：

选择对象：

选择要延伸的对象，或按住〈Shift〉键选择要修剪的对象，或

[栏选(F)/窗交(C)/投影(P)/边(E)/放弃(U)]：

   (选择要延伸的对象，或按住"Shift"键选择要修剪的对象，或输入选项)

各选项含义如下：

(1)"要延伸的对象"选项：指定要延伸的对象，按"Enter"键结束命令。

(2)"按住〈Shift〉键选择要修剪的对象"选项：将选定对象修剪到最近的边界(而不是将其延伸)，这是在修剪和延伸之间切换的简便方法。

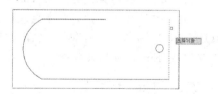

图 4-35　选择对象后绘图区所显示的图形

(3)"栏选(F)"选项：选择与选择栏相交的所有对象。选择栏是一系列临时线段，它们是用两个或多个栏选点指定的。选择栏不构成闭合环。在命令行中输入"F"后按"Enter"键，命令行中提示如下：

指定第一个栏选点：

指定下一个栏选点或[放弃(U)]：

(4)"窗交(C)"选项：选择矩形区域(由两点确定)内部或与之相交的对象。同"修剪"命令类似，某些要延伸的对象的窗交选择不明确。通过沿矩形窗交窗口从第一点以顺时针方向选择遇到的第一个对象。在命令行中输入"C"后按"Enter"键，命令行中提示如下：

指定第一个角点：

指定对角点：

(5)"投影(P)"选项：指定延伸对象时使用的投影方法。在命令行中输入"P"后按"Enter"键，命令行中提示如下：

输入投影选项[无(N)/UCS(U)/视图(V)]〈UCS〉：

其中，"无(N)"选项指定无投影，只延伸与三维空间中的边界相交的对象；"UCS(U)"选项指定到当前用户坐标系(UCS)XY平面的投影，延伸未与三维空间中的；边界对象相交的对象；"视图(V)"选项指定沿当前观察方向的投影。

(6)"边(E)"选项：将对象延伸到另一个对象的隐含边，或仅延伸到三维空间中与其实际相交的对象。在命令行中输入"E"后按"Enter"键，命令行中提示如下：

输入隐含边延伸模式[延伸(E)/不延伸(N)]〈不延伸〉：

其中，"延伸(E)"选项将沿其自然路径延伸边界对象，以和三维空间中另一对象或其隐含边相交；"不延伸(N)"选项指定对象只延伸到在三维空间中与其实际相交的边界对象。

(7)"放弃(U)"选项：放弃最近由"EXTEND"命令所做的更改。

【例4-8】 用"延伸"命令将图4-36(a)中弧线延伸到底边线上，结果如图4-36(b)所示。

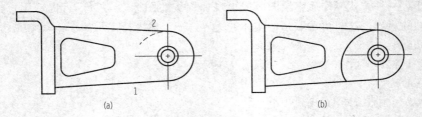

图4-36 延伸弧线

【解】 操作步骤如下：

(1)在菜单栏中选择"修改"→"延伸"命令。

(2)提示"选择对象或〈全部选择〉：找到1个"。

(3)提示"选择对象："时，按"Enter"键结束边界选择。

(4)提示"选择要延伸的对象，或按住〈Shift〉键选择要修剪的对象，或[栏选(F)/窗交(C)/投影(P)/边(E)/放弃(U)]："时，选择需延伸的弧线。

(5)按"Enter"键结束命令。

五、打断对象

"打断"命令主要用于删除直线、圆或圆弧等实体的一部分，或将一个图形对象分割为两个同类对象。其中有两种情况。

(一)打断(在两点之间打断对象)

1. 执行方式

(1)在菜单栏中选择"修改"→"打断"命令。

(2)在"修改"工具栏中单击"打断"按钮，如图4-1所示。

(3)在功能区"默认"选项卡"修改"面板中单击"打断"按钮。

(4)在命令行中输入"BREAK"后按"Enter"键。

2. 操作格式

按上述任意一种方式操作后，绘图区出现图标，命令行中提示用户选择一点作为打断的第1点。命令行提示如下：

命令：_ break

选择对象：(指定对象选择方法或对象上的第一个打断点)

指定第二个打断点或[第一点(F)]：

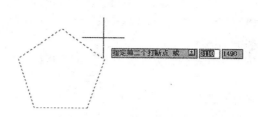

默认情况下，选择对象时的单击点将作为第一个打断点。指定第一个打断点后，绘图区如图 4-37 所示。如果需要重新选择第一个打断点，则在当前命令行中输入"F"后按"Enter"键，或者用鼠标在命令提示行中单击"第一点(F)"选项，然后重新指定第一点。命令行提示如下：

图 4-37　指定第一个打断点后绘图区所显示的图形

指定第二个打断点或[第一点(F)]：F✓

指定第一个打断点：

指定第一个打断点后，命令行提示如下：

指定第二个打断点：@

指定用于打断对象的第二个点后，两个指定点之间的对象部分将被删除。如果指定的第二个点不在对象上，将选择对象上与该点最接近的点，因此，若要打断直线、圆弧或多段线的一端，可以在要删除的一端附近指定第二个打断点。用"打断"命令绘制的图形如图 4-38 所示。

若需要将对象一分为二并且不删除某个部分，则输入的第一个点和第二个点应相同。通过输入"@"指定第二个点即可实现此目的。

图 4-38　用"打断"命令绘制的图形

直线、圆弧、圆、多段线、椭圆、样条曲线、圆环及其他几种对象类型都可以拆分为两个对象或将其中的一端删除。"BREAK"命令将按逆时针方向删除圆上第一个打断点到第二个打断点之间的部分，从而将圆转换成圆弧。

【例 4-9】　用"打断"命令断开如图 4-39(a)所示的 AB 和 AC 线，结果如图 4-39(b)所示。

【解】　操作步骤如下：

(1)在菜单栏中选择"修改"→"打断"命令。

(2)提示"选择对象"时，指定待断开的目标。

(3)提示"指定第二个打断点或[第一点(F)]："时，选择选项"F"后按"Enter"键。

(4)提示"指定第一个打断点："时，选中断开的第一点 A。

(5)提示"指定第二个打断点："时，选中断开的第二点 B。

(6)打断 AC 线的方法同上。

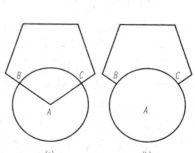

图 4-39　打断实体

(二)打断于点(在一点处打断对象)

"打断于点"是指在对象上指定一点，从而将对象在此点拆分为两部分。此命令与"打断"命令类似。

1. 执行方式

(1)在菜单栏中选择"修改"→"打断"命令。

（2）在"修改"工具栏中单击"打断于点"按钮  ，如图 4-1 所示。

（3）在功能区"默认"选项卡"修改"面板中单击"打断于点"按钮 。

（4）在命令行中输入"BREAK"后按"Enter"键。

2. 操作格式

按上述任意一种方式操作后，命令行提示如下：

命令：_ break

选择对象： （选择要打断的图形）

在提示下选取对象，右击或按"Enter"键结束选择，命令行提示如下：

指定第二个打断点或[第一点(F)]：F✓

指定第一个打断点： （选择打断点）

指定第二个打断点：@ （输入"@0, 0"，并按"Enter"键）

使用"打断于点"命令可以在单个点处打断选定的有效对象（有效对象包括直线、开放的多段线和圆弧），但不能在一点打断闭合对象，如圆。

六、倒角

"倒角"命令主要用于两条非平等直线或多段线进行的编辑，或将两条非平等直线进行相交连接，可以倒角直线、多段线、射线和构造线。

（一）执行方式

（1）在菜单栏中选择"修改"→"倒角"命令。

（2）在"修改"工具栏中单击"倒角"按钮 ，如图 4-1 所示。

（3）在功能区"默认"选项卡"修改"面板中单击"倒角"按钮 。

（4）在命令行中输入"CHAMFER"后按"Enter"键。

（二）操作格式

按上述任意一种方式操作后，绘图区出现 图标，命令行提示如下：

命令：_ chamfer

（"修剪"模式）当前倒角距离 1= 0.0000，距离 2= 0.0000

选择第一条直线或[放弃(U)/多段线(P)/距离(D)/角度(A)/修剪(T)/方式(E)/多个(M)]：

各选项含义如下：

（1）"选择第一条直线"选项：指定定义二维倒角所需的两条边中的第一条边，选择第一条直线后，绘图区如图 4-40 所示，同时命令行提示如下：

图 4-40 选择第一条直线后绘图区所显示的图形

选择第二条直线，或按住〈Shift〉键选择直线以应用角点或[距离(D)/角度(A)/方法(M)]：

如果选择直线或多段线，它们的长度将调整，以适应倒角线。选择对象时，可以按住"Shift"键，以使用值 0 替代当前倒角距离。

（2）"放弃(U)"选项：恢复在命令中执行的上一个操作。

（3）"多段线(P)"选项：对整个二维多段线倒角。在命令行中输入"P"后按"Enter"键，命令行中提示如下：

选择二维多段线或[距离(D)/角度(A)/方法(M)]：

在命令行提示下选择二维多段线，则相交多段线线段在每个多段线顶点被倒角，倒角将成为多段线的新线段。如果多段线包含的线段过短，以至于无法容纳倒角距离，则不对这些线段倒角。

如果选定对象是二维多段线的直线段，叫它们必须相邻或只能用一条线段分开。如果它们被另一条多段线分开，则执行"CHAMFER"命令将删除分开它们的线段并以倒角代之。

（4）"距离（D）"选项：设定倒角至选定边端点的距离。如果将两个距离均设定为零，"CHAMFER"命令将延伸或修剪两条直线，使它们终止于同一点。在命令行中输入"D"后按"Enter"键，命令行中提示如下：

指定第一个倒角距离〈0.0000〉：30✓

指定第二个倒角距离〈30.0000〉：30✓

选择第一条直线或［放弃(U)/多段线(P)/距离(D)/角度(A)/修剪(T)/方式(E)/多个(M)］：

（5）"角度（A）"选项：用第一条线的倒角距离和第二条线的角度设定倒角距离。在命令行中输入"A"后按"Enter"键，命令行中提示如下：

指定第一条直线的倒角长度〈0.0000〉：300✓

指定第一条直线的倒角角度〈0〉：30✓

选择第一条直线或［放弃(U)/多段线(P)/距离(D)/角度(A)/修剪(T)/方式(E)/多个(M)］：✓

选择第二条直线，或按〈Shift〉键选择直线以应用角点或［距离(D)/角度(A)/方法(M)］：

（6）"修剪（T）"选项：控制"CHAMFER"命令是否将选定的边修剪到倒角直线的端点。

（7）"方式（E）"选项：控制"CHAMFER"命令使用两个距离还是使用一个距离和一个角度来创建倒角。两种距离的方式与"距离"的含义一样，一个距离和一个角度的方式与"角度"的含义相同。在默认的情况下，为上一次操作所定义的方式。

（8）"多个（M）"选项：选择此项，用户可以选择多个非平等直线或多段线进行倒角。

【例4-10】 用"倒角"命令将如图4-41（a）所示的图形左下角进行倒角，结果如图4-41（b）所示。

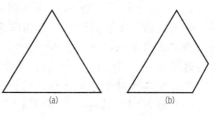

【解】 操作步骤如下：

（1）在菜单栏中选择"修改"→"倒角"命令。

（2）提示默认修剪模式："当前倒角距离1＝0.000 0，距离2＝0.000 0"。

（3）提示"选择第一条直线或［放弃（U）/多线段（P）/

图4-41 图形倒角

距离（D）/角度（A）/修剪（T）/方法（M）]:"，设置倒角距离，输入"D"后按"Enter"键。

（4）提示"指定第一个倒角距离〈0.000 0〉："，输入第一倒角距离"5"后按"Enter"键。

（5）提示"指定第二个倒角距离〈5.000 0〉："，直接按"Enter"键，默认第二倒角距离"5"。

（6）提示"选择第一条直线或［多段线（P）/距离（D）/角度（A）/修剪（T）/方法（M）]:"，选中图中需倒角的第一条线。

（7）提示"选择第二条直线，或按住〈Shift〉键选择要应用角点的直线："，选中图中需要倒角的第二条线。

七、圆角

圆角命令是指用一条指定直径的圆弧平滑连接两个对象。该命令可以平滑连接一对直线段、非圆弧的多段线段、样条曲线、双向无限长线、射线、圆、圆弧和椭圆，并且可以平滑连接多段线的每个节点。

（一）执行方式

（1）在菜单栏中选择"修改"→"圆角"命令。

（2）在"修改"工具栏中单击"圆角"按钮，如图 4-1 所示。

（3）在功能区"默认"选项卡"修改"面板中单击"圆角"按钮。

（4）在命令行中输入"FILLET"后按"Enter"键。

（二）操作格式

按上述任意一种方式操作后，绘图区出现□图标，命令行提示如下：

命令：_ fillet

当前设置：模式= 修剪，半径= 0.0000

选择第一个对象或[放弃(U)/多段线(P)/半径(R)/修剪(T)/多个(M)]：

各选项含义如下：

（1）"选择第一个对象"选项：选择定义二维圆角所需的两个对象中的第一个对象。如果使用的是三维模型，也可以选择三维实体的边。

（2）"放弃(U)"选项：恢复在命令中执行的上一个操作。

（3）"多段线(P)"选项：在二维多段线中，两条直线段相交的每个顶点处插入圆角圆弧，其倒角的半径可以使用默认值，也可用"半径(R)"选项进行设置，还可以在指定此选项之前，通过选择多段线线段为开放多段线的端点创建圆角。在命令行中输入"P"后按"Enter"键，命令行中提示如下：

选择二维多段线或[半径(R)]：

如果一条圆弧段将会聚于该圆弧段的两条直线段分开，则执行"FILLET"命令将删除该圆弧段并以圆角圆弧代之。

（4）"半径(R)"选项：定义圆角圆弧的半径。输入的值将成为后续"FILLET"命令的当前半径。修改此值并不影响现有的圆角圆弧。

指定圆角半径〈0.0000〉：30↙

选择第一个对象或[放弃(U)/多段线(P)/半径(R)/修剪(T)/多个(M)]：↙

选择第二个对象，或按住〈Shift〉键选择对象以应用角点或[半径(R)]：

（5）"修剪(T)"选项：控制"FILLET"命令是否将选定的边修剪到圆角圆弧的端点。

（6）"多个(M)"选项。给多个对象集加圆角。

【例 4-11】 用"圆角"命令的"多段线"选项对如图 4-42(a)所示的多段线倒圆角，半径$R=10$，其结果是所有的角均被倒圆，如图 4-42(b)所示。

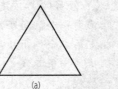

（a）　　　　（b）

图 4-42　图形倒圆角

【解】 操作步骤如下：

（1）在菜单栏中选择"修改"→"圆角"命令。

（2）提示默认裁剪模式："当前设置：模式=修剪，半径=0.000 0"。

（3）提示"选择第一个对象或[放弃(U)/多段线(P)/半径(R)/修剪(T)/多个(M)]："，输入"R"后按"Enter"键。

（4）提示"指定圆角半径〈0.000 0〉："，输入"10"后按"Enter"键。

（5）提示"选择第一个对象或[放弃(U)/多段线(P)/半径(R)/修剪(T)/多个(M)]："，输入"P"后按"Enter"键。

(6)提示"选择二维多段线:",选择三角形。

(7)提示"2条直线已被圆角",按"Enter"键结束命令。

八、光顺曲线

在两条选定直线或曲线之间的间隙中创建样条曲线。创建的样条曲线的形状取决于指定对象的连续性,选定对象的长度保持不变。有效的对象包括直线、圆弧、椭圆弧、螺旋、开放的多段线和开放的样条曲线。

(一)执行方式

(1)在菜单栏中选择"修改"→"光顺曲线"命令。

(2)在"修改"工具栏中单击"光顺曲线"按钮,如图4-1所示。

(3)在功能区"默认"选项卡"修改"面板中单击"圆角"按钮。

(4)在命令行中输入"BLEND"后按"Enter"键。

(二)操作格式

按上述任意一种方式操作后,绘图区出现□图标,命令行提示如下:

命令:_ BLEND

连续性= 相切

选择第一个对象或[连续性(CON)]:CON✓　　　　　(选择"连续性"选项)

输入连续性[相切(T)/平滑(S)]〈相切〉:S✓　　　　(选择"平滑"选项)

选择第一个对象或[连续性(CON)]:

选择第二个点:

(1)"选择第一个对象"选项:选择样条曲线起点附近的直线或开放曲线。

(2)"连续性(CON)"选项:在"相切"和"平滑"两种过渡类型中指定一种。"相切"类型用于创建一条3阶样条曲线,在选定对象的端点处具有相切(G1)连续性;"平滑"类型用于创建一条5阶样条曲线,在选定对象的端点处具有曲率(G2)连续性。

九、分解对象

图形块是作为一个整体插入图形中的,用户不能对它的单个图形对象进行编辑,当用户需要对单个图形对象进行编辑时,就需要用到"分解"命令。"分解"命令是用于将块打碎,将块分解为原始的图形对象,这样用户就可以方便地进行编辑。

(一)执行方式

(1)在菜单栏中选择"修改"→"分解"命令。

(2)在"修改"工具栏中单击"分解"按钮,如图4-1所示。

(3)在功能区"默认"选项卡"修改"面板中单击"分解"按钮。

(4)在命令行中输入"EXPLODE"后按"Enter"键。

(二)操作格式

按上述任意一种方式操作后,命令行提示如下:

命令:EXPLODE

选择对象:　　　　　　　　　　　　　　　　(选择要分解的对象)

选择一个对象后,该对象将会被分解,系统继续提示"选择对象:"信息,分解其他对象。

第三节　对象编辑

一、夹点的概念

使用夹点功能可以方便地进行移动、旋转、缩放、拉伸等编辑操作，是编辑对象非常方便和快捷的方法。

(一)夹点的启用

AutoCAD夹点是一些实心的小方框。在没有执行任何命令时，使用鼠标指定对象，在指定的对象的关键点上将出现蓝色小方块，这些小方块称为夹点(按"Esc"键可以消除夹点)。需要注意的是，锁定图层上的图形不显示夹点。

(二)夹点的形式

各种实体的夹点形式如图4-43所示。

(三)夹点的激活

对象关键点上的蓝色夹点叫作"未选中夹点"或"未激活夹点"。用鼠标单击未激活夹点，这些夹点变为红色，成为"选中夹点"或"激活夹点"。

(四)夹点的设置

在菜单栏中选择"工具"→"选项"命令，弹出"选项"对话框，利用"选择集"选项卡设置是否启用夹点及设置与夹点有关的选项和参数。

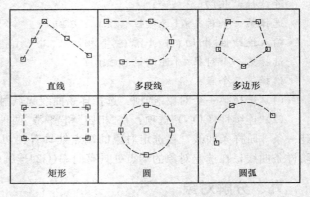

图4-43　夹点的形式

(1)夹点颜色(C)。显示"夹点颜色"对话框，可以在其中指定不同夹点状态和元素的颜色。

(2)显示夹点(R)。控制夹点在选定对象上的显示。在图形中显示夹点会明显降低性能，清除此选项可优化性能。默认状态下该选项为打开状态。

(3)在块中启用夹点(B)。控制块中夹点的显示。默认为关闭。关闭时，只在插入点显示一个夹点。

(4)显示夹点提示(T)。当光标悬停在支持夹点提示的自定义对象的夹点上时，显示夹点的特定提示。此提示不在标准对象上显示。

(5)显示动态夹点菜单(U)。控制在将鼠标悬停在多功能夹点上时动态菜单的显示。

(6)允许按"Ctrl"键循环改变对象编辑方式行为(Y)。允许多功能夹点的，按"Ctrl"键循环改变对象编辑方式行为。

(7)对组显示单个夹点(E)。显示对象组的单个夹点。

(8)对组显示边界框(X)。围绕编组对象的范围显示边界框。

(9)选择对象时限制显示的夹点数(M)。当选择集包括的对象多于指定数量时，不显示夹点。有效值的范围从 1 到 32 767，默认设置是 100。

二、用夹点编辑对象

（一）用未激活夹点编辑对象

选中的实体上出现蓝色夹点，即可对该实体进行相应的编辑操作，如改变颜色、线型、线宽，或将其定义为块、复制、移动、镜像，还可以打开"特性"对话框对其进行相应操作。

（二）用激活夹点编辑对象

单击未激活夹点，将其激活为红色夹点，绘图区如图 4-44 所示，此时即可进行拉伸、移动、缩放、旋转、镜像等操作。相关操作方法说明如下。

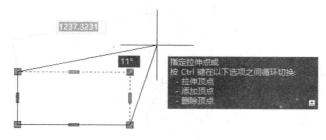

图 4-44　激活夹点

使用夹点进行相关编辑操作称为夹点模式。激活夹点后，命令行中将出现"指定拉伸点""基点""复制""放弃""退出"等命令提示，此时也可以单击鼠标右键，在弹出的快捷菜单（图 4-45）中选择其他夹点模式。另外，通过按"Space"键或"Enter"键也可以循环选择各种夹点模式。

1. 拉伸对象

在拉伸模式下，AutoCAD 命令行中提示如下：

＊＊拉伸＊＊

指定拉伸点或［基点（B）/复制（C）/放弃（U）/退出（X）］：

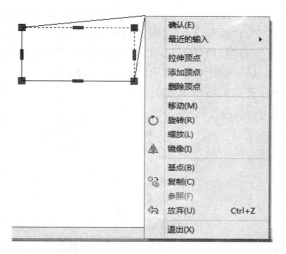

图 4-45　单击鼠标右键显示的快捷菜单

其中各选项含义如下：

（1）"基点（B）"选项。重新指定一个基点，新基点可以不在夹点上。

（2）"复制（C）"选项。允许多次拉伸，每次拉伸都生成一个新对象。

（3）"放弃（U）"选项。取消上次操作。

（4）"退出（X）"选项。退出编辑模式。

2. 移动对象

在移动模式下，AutoCAD 命令行中提示如下：

＊＊MOVE＊＊

指定移动点或［基点（B）/复制（C）/放弃（U）/退出（X）］：

夹点移动结果如图 4-46 所示。需要注意的是，如果需要在移动对象的同时复制该对象，则可在移动该对象时按"Ctrl"键。

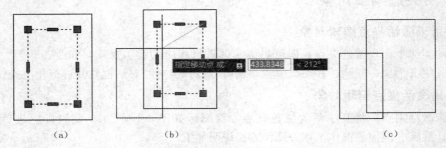

图 4-46　夹点移动对象

(a)选中实体；(b)激活夹点并选择移动模式；(c)移动对象

3. 旋转对象

在旋转模式下，AutoCAD 命令行中提示如下：

＊＊旋转＊＊

指定旋转角度或［基点(B)/复制(C)/放弃(U)/参照(R)/退出(X)］：

其中各选项含义如下：

(1)"基点(B)"选项。重新指定一个基点，新基点可以不在夹点上。

(2)"复制(C)"选项。允许多次旋转，每次旋转后都生成一个新对象。

(3)"放弃(U)"选项。取消上次操作。

(4)"参照(R)"选项。使用参照方式确定旋转角度。

(5)"退出(X)"选项。退出编辑模式。

夹点旋转结果如图 4-47 所示。

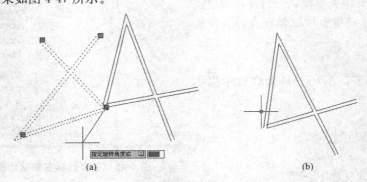

图 4-47　夹点旋转对象

4. 缩放对象

在缩放模式下，AutoCAD 命令行中提示如下：

＊＊比例缩放＊＊

指定比例因子或［基点(B)/复制(C)/放弃(U)/参照(R)/退出(X)］：

夹点缩放结果如图 4-48 所示。

5. 镜像对象

在镜像模式下，AutoCAD 命令行中提示如下：

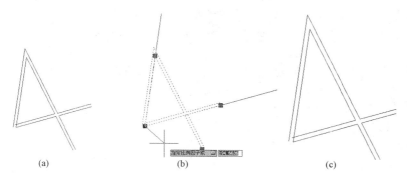

图 4-48　夹点缩放对象

＊＊镜像＊＊

指定第二点或［基点(B)/复制(C)/放弃(U)/退出(X)］:

如果此时指定一点，系统将用该点和基点(激活的夹点)确定镜像轴，执行镜像操作，其他选项含义同上。镜像对象的结果如图 4-49 所示。

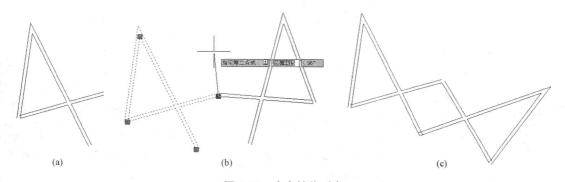

图 4-49　夹点镜像对象

【例 4-12】　画出如图 4-50(a)所示的图形，用激活夹点做镜像编辑，结果如图 4-50(b)所示。

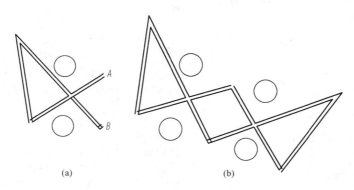

图 4-50　夹点镜像图形

【解】　操作步骤如下:

(1)用鼠标分别选取对象，使其出现蓝色夹点。

(2)激活夹点。用鼠标单击蓝色夹点，使其变为红色。

(3)调用镜像命令。连续按"Space"键或"Enter"键，使命令行提示为：

　　＊＊镜像＊＊

　　指定第二点或[基点(B)/复制(C)/放弃(U)/退出(X)]：

(4)镜像复制。在命令行中输入"C"后按"Enter"键。

(5)重设基点。在命令行中输入"B"后按"Enter"键。

(6)取镜像轴线。用鼠标拾取 A、B 两点。

(7)输入"X"后按"Enter"键退出。

(8)按"Esc"键消除夹点。

三、特性匹配

"特性匹配"命令用于将源实体的特性复制给目标实体。可匹配的特性类型包含颜色、图层、线型、线型比例、线宽、打印样式、透明度和其他指定的特性。

(一)执行方式

(1)在菜单栏中选择"修改"→"特性匹配"命令。

(2)在"标准"工具栏中单击"特性匹配"按钮 。

(3)在功能区"默认"选项卡"剪贴板"面板中单击"特性匹配"按钮 。

(4)在命令行中输入"MATCHPROP"后按"Enter"键。

(二)操作格式

按上述任意一种方式操作后，命令行提示如下：

命令：_matchprop

选择源对象：✓　　　　　　　　　　　(拾取一个源对象，其特性可复制给目标对象)

当前活动设置：颜色 图层 线型 线型比例 线宽 透明度 厚度 打印样式 标注 文字 图案填充 多段线 视口 表格 材质 阴影显示 多重引线

选择目标对象或[设置(S)]：✓　　　　　　(选择欲赋予特性的目标对象)

其中，"设置(S)"选项可以控制要将哪些对象特性复制到目标对象。默认情况下，选定所有对象特性进行复制。在命令行输入"S"并按"Enter"键后，系统将弹出"特性设置"对话框，如图 4-51 所示。

"特性设置"对话框中包括"基本特性"和"特殊特性"两个选项组。

(1)"基本特性"选项组。

1)颜色。将目标对象的颜色更改为源对象的颜色。此选项适用于所有对象。

2)图层。将目标对象的图层更改为源对象的图层。此选项适用于所有对象。

3)线型。将目标对象的线型更改为源对象的线型。此选项适用于除属性、图案填充、多行文字、点和视口外的所有对象。

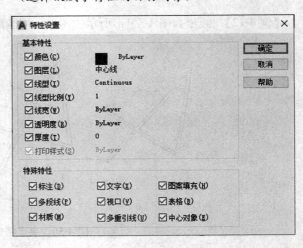

图 4-51　"特性设置"对话框

4)线型比例。将目标对象的线型比例因子更改为源对象的线型比例因子。此选项适用于除属性、图案填充、多行文字、点和视口外的所有对象。

5)线宽。将目标对象的线宽更改为源对象的线宽。此选项适用于所有对象。

6)透明度。将目标对象的透明度更改为源对象的透明度。此选项适用于所有对象。

7)厚度。将目标对象的厚度更改为源对象的厚度。此选项仅适用于圆弧、属性、圆、直线、点、二维多段线、面域和文字。

8)打印样式。将目标对象的打印样式更改为源对象的打印样式。此选项适用于所有对象。需要注意的是，如果正在使用颜色相关打印样式模式，则此选项将不可用。

(2)"特殊特性"选项组。

1)标注。除基本的对象特性外，还将目标对象的标注样式和注释性特性更改为源对象的标注样式与特性。此选项仅适用于标注、引线和公差对象。

2)多段线。除基本的对象特性外，将目标多段线的宽度和线型生成特性更改为源多段线的宽度和线型生成特性。源多段线的拟合/平滑特性和标高不会传递到目标多段线。如果源多段线具有不同的宽度，则其宽度特性不会传递到目标多段线。

3)材质。除基本的对象特性外，将更改应用到对象的材质。如果没有为源对象指定材质，而是为目标对象指定了材质，则将从目标对象中删除材质。

4)文字。除基本的对象特性外，还将目标对象的文字样式和注释性特性更改为源对象的文字样式和特性。此选项仅适用于单行文字和多行文字对象。

5)视口。除对象的基本特性外，还更改以下目标图纸空间视口的特性以匹配源视口的相应特性：开/关、显示锁定、标准或自定义比例、着色打印、捕捉、栅格及 UCS 图标的可见性和位置。不会传输以下视口设置：剪裁、冻结/解冻图层状态、每个视口的 UCS。

6)多重引线。除基本对象特性外，还将目标对象的多重引线样式和注释性特性更改为源对象的多重引线样式和特性。此选项仅适用于多重引线对象。

7)图案填充。除基本的对象特性外，还将目标对象的图案填充特性(包括其注释性特性)更改为源对象的图案填充特性。此选项仅适用于图案填充对象。

8)表格。除基本的对象特性外，将目标对象的表样式更改为源对象的表样式。此选项仅适用于表格对象。

9)中心对象。除了基本的对象特性外，还会将目标对象的中心对象更改为源对象的中心对象。

【例 4-13】 利用"特性匹配"命令，将如图 4-52(a)所示的小圆改成虚线圆，编辑后的图形如图 4-52(b)所示。

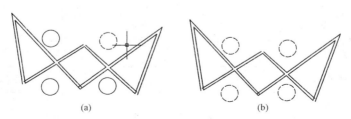

(a)   (b)

图 4-52 特性匹配编辑图形

【解】 操作步骤如下：

(1)在菜单栏中选择"修改"→"特性匹配"命令。

(2)在"选择源对象:"提示下，拾取虚线小圆为源对象。

(3)在"选择目标对象或[设置(S)]:"提示下，拾取小圆的定位圆。

(4)按"Enter"键结束操作。

第四节　文本与表格编辑

一、文本编辑

(一)制图标准对文字的要求

《房屋建筑制图统一标准》(GB/T 50001—2017)规定：图纸上所需书写的文字、数字或符号等，均应笔画清晰、字体端正、排列整齐；标点符号应清楚、正确。中文矢量字体的字高应从如下系列中选取：3.5 mm、5 mm、7 mm、10 mm、14 mm、20 mm；TrueYype 字体及非中文矢量字体的字高应从如下系列中选取：3 mm、4 mm、6 mm、8 mm、10 mm、14 mm、20 mm。

图样及说明中的汉字，宜采用长仿宋体或黑体，同一图纸字体种类不应超过两种。长仿宋体的高宽关系应符合表 4-1 的规定，黑体字的宽度与高度应相同。大标题、图册封面、地形图等的汉字也可书写成其他字体，但应易于辨认。

表 4-1　长仿宋字高宽关系　　　　　　　　　　mm

字高	20	14	10	7	5	3.5
字宽	14	10	7	5	3.5	2.5

汉字的简化字书写应符合国家有关汉字简化方案的规定。图样及说明中的拉丁字母、阿拉伯数字与罗马数字宜采用单线简体或 Roman 字体。拉丁字母、阿拉伯数字与罗马数字的书写规则应符合表 4-2 的规定。

表 4-2　拉丁字母、阿拉伯数字与罗马数字的书写规则

书写格式	字　体	窄字体
大写字母高度	h	h
小写字母高度(上下均无延伸)	$\frac{7}{10}h$	$\frac{10}{14}h$
小写字母伸出的头部或尾部	$\frac{3}{10}h$	$\frac{4}{14}h$
笔画宽度	$\frac{1}{10}h$	$\frac{1}{14}h$
字母间距	$\frac{2}{10}h$	$\frac{2}{14}h$
上下行基准线的最小间距	$\frac{15}{10}h$	$\frac{21}{14}h$
词间距	$\frac{6}{10}h$	$\frac{6}{14}h$

拉丁字母、阿拉伯数字与罗马数字，当需写成斜体字时，其斜度应是从字的底线逆时针向上倾斜 75°。斜体字的高度和宽度应与相应的直体字相等。拉丁字母、阿拉伯数字与罗马数字的

字高不应小于 2.5 mm。

数量的数值注写，应采用正体阿拉伯数字。各种计量单位凡前面有量值的，均应采用国家颁布的单位符号注写。单位符号应采用正体字母。分数、百分数和比例数的注写，应采用阿拉伯数字和数学符号。当注写的数字小于 1 时，应写出各位的"0"，小数点应采用圆点，齐基准线书写。

（二）文字样式

文字样式是一组可随图形保存的文字设置的集合，这些设置可包括字体、文字高度以及特殊效果等。AutoCAD 中所有的文字（包括图块和标注中的文字）都同一定的文字样式相关联。"文字样式"对话框中可以对文字的字体、字号、角度、方向等特征进行设置。

1. 执行方式

（1）在菜单栏中选择"格式"→"文字样式"命令，如图 4-53 所示。

（2）在工具栏中选择"文字"→"文字样式"命令，如图 4-54 所示。

文字样式

图 4-53 "格式"→"文字样式"命令　　　　**图 4-54 "工具栏"→"文字样式"命令**

（3）在功能区"默认"→"注释"→"文字样式 A 或注释"→文字→文字样式→管理文字样式或注释→文字→对话框启动器 。

"注释"选项卡"文字"面板中打开"文字样式"下拉列表框，从中选择"管理文字样式"选项，或单击"文字"面板右下角的"文字样式"按钮 。

（4）在命令行输入"STYLE"后按"Enter"键。

2. 操作格式

按上述任意一种方式操作后，系统弹出"文字样式"对话框，如图 4-55 所示。

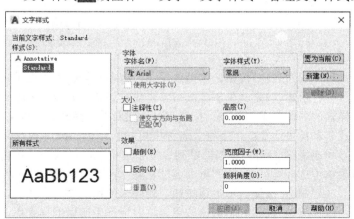

图 4-55 "文字样式"对话框

3. 选项说明

(1)"字体"选项组。确定字体样式、字符的形状，在 AutoCAD 中，除固有的 SHX 形状字体文件外，还可以使用 TrueType 字体(如宋体、楷体、italley 等)。一种字体可以设置不同的效果，从而被多种文本样式使用，图 4-54 中就是一种字体的不同样式。

(2)"大小"选项组。用于更改文字的大小。

1)注释性。指定文字为注释性文字。

2)使文字方向与布局匹配。指定图纸空间视口中的文字方向与布局方向匹配。如果未选择"注释性"选项，则该选项不可用。

3)高度。根据输入的值设置文字高度。输入大于 0.0 的高度将自动为此样式设置文字高度；如果输入"0.0"，则文字高度将默认为上次使用的文字高度，或使用存储在图形样板文件中的值。在相同的高度设置下，TrueType 字体显示的高度可能会小于 SHX 字体。如果选中"注释性"复选框，则输入的值将设置图纸空间中的文字高度。

(3)"效果"选项组。用于修改字体的特性，例如，高度、宽度因子、倾斜角及是否颠倒显示、反向或垂直对齐。

1)颠倒。选中此复选框，则文字旋转 180°放置。

2)反向。选中此复选框，则文字以镜像方式标注。

3)垂直。选中此复选框，则显示垂直对齐的字符。只有在选定字体支持双向时，"垂直"才可用。TrueType 字体的垂直定位不可用。

4)宽度因子。设置字符间距。输入小于 1.0 的值将压缩文字；输入大于 1.0 的值则扩大文字。

5)倾斜角度。设置文字的倾斜角。输入一个"−85"和"85"之间的值将使文字倾斜。

图 4-56 所示为文字的不同显示效果。

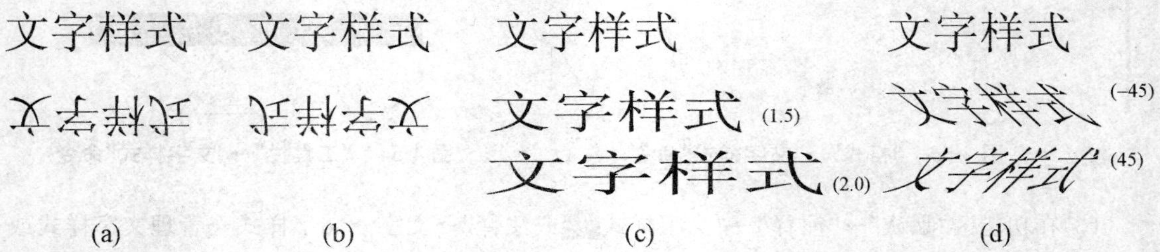

图 4-56　文字效果

(a)文字颠倒；(b)文字反向；(c)宽度因子；(d)倾斜角度

(4)"置为当前"按钮。单击该按钮，将在"样式"列表框中选定的样式设定为当前。

(5)"新建"按钮。单击该按钮，将显示如图 4-57 所示的"新建文字样式"对话框，输入新建文字样式的名称并单击"确定"按钮，可创建新的文字样式。该文字样式将出现在"样式"列表框中。样式名最长可达 255 个字符。名称中可包含字母、数字和特殊字符，如美元符号($)、下划线(_)和连字符(-)等。在"样式"列表框中选中相应样式后，单击鼠标右键，用户可以在弹出的快捷菜单中选择"置为当前""重命名""删除"等命令，如图 4-58 所示。

(6)"删除"按钮。单击该按钮，删除未使用的文字样式。

(7)"应用"按钮。单击该按钮，将对话框中所做的样式更改应用到当前样式和图形中具有当前样式的文字上。

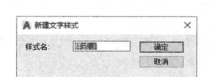

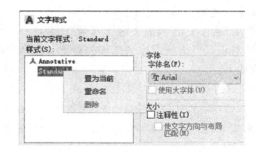

图 4-57 "新建文字样式"对话框   图 4-58 快捷菜单

(三)文字标注

文字样式设置好以后，就可以使用单行文字(TEXT)、多行文字(MTEXT)等命令对文字进行标注。单行文字比较灵活，适用于内容简短的文字，如房间布局名称、图名标注等；多行文字适用于大量的、有格式排版要求的文字，如设计说明等。

1. 标注单行文字

(1)执行方式。

1)在菜单栏中选择"绘图"→"文字"→"单行文字"命令。

2)在"文字"工具栏中单击"单行文字"按钮A，如图 4-59 所示。

3)在功能区"默认"→"注释"→"单行文字A或注释"→"文字"→单行文字A。

4)在命令行输入"TEXT"后按"Enter"键。

(2)操作格式。

按上述任意一种方式操作后，命令行中提示如下：

命令：_ text

当前文字样式:"Standard" 文字高度：2.5000 注释性：否 对正：左

指定文字的起点或[对正(J)/样式(S)]：

(3)选项说明。

1)"指定文字的起点"选项。输入一个坐标点作为标注文字的起点，并默认为左对齐方式。如果直接按"Enter"键，则系统认为将紧接着上一次创建的文字对象(如果有)定位新的文字起点。指定起点后，系统提示指定文字高度，此时命令行提示如下：

指定高度〈2.5000〉：(指定文字高度，括号内为当前文字高度)

指定文字起点后，将有一条拖引线从文字起点附着到鼠标上，此时如果在某一合适点单击，则该拖引线的长度即为文字的高度。指定文字高度后，系统提示指定文字的旋转角度，用户可以输入具体的角度值或使用定点设备(如鼠标)来指定文字的旋转角度，此时命令行提示如下：

指定文字的旋转角度〈0〉：(确定文本行的倾斜角度，括号内为当前旋转角度)

执行完成上述命令后，即可在指定位置输入所需要的文本文字。每输入完成一行后，按"Enter"键则可以按需要继续输入另一行的文本文字。如需要继续在图形区域内的另一点输入相应的文字，则可用鼠标单击该处，即可在该处继续输入相应的文字，即每次按"Enter"键或指定点时，都会开始创建新的文字对象。待全部文本输入完毕后，按两次"Enter"键即可退出"TEXT"命令。

由此可见，"TEXT"命令也可创建多行文本，只是这种多行文本的每一行是一个对象，不能对多行文本同时进行操作。

另外，使用"TEXT"命令时，仅在当前文字样式不是"注释性"且没有固定高度时，才显示"指定高度"提示；若当前文字样式为"注释性"，则显示"指定图纸高度"提示。

2)"对正(J)"选项。控制文字的对正。在命令行中输入"J"并按"Enter"键选择该选项，命令行提示如下：

指定文字的起点或[对正(J)/样式(S)]：J↙

输入选项[左(L)/居中(C)/右(R)/对齐(A)/中间(M)/布满(F)/左上(TL)/中上(TC)/右上(TR)/左中(ML)/正中(MC)/右中(MR)/左下(BL)/中下(BC)/右下(BR)]：

各选项含义如下：

①左(L)。在由用户给出的点指定的基线上左对正文字。

②居中(C)。从基线的水平中心对齐文字，此基线是由用户给出的点指定的。旋转角度是指基线以中点为圆心旋转的角度，它决定了文字基线的方向，可以通过指定点来决定该角度。文字基线的绘制方向为从起点到指定点。如果指定的点在圆心的左边，则将绘制出倒置的文字。

③右(R)。在由用户给出的点指定的基线上右对正文字。

④对齐(A)。通过指定基线端点来确定文字的高度和方向。字符的大小根据其高度按比例调整。文字字符串越长，字符越矮。

⑤中间(M)。文字在基线的水平中点和指定高度的垂直中点上对齐。中间对齐的文字不保持在基线上。"中间(M)"选项与"正中(MC)"选项不同，"中间(M)"选项使用的中点是所有文字包括下行文字在内的中点，而"正中(MC)"选项使用大写字母高度的中点。

⑥布满(F)。指定文字按照由两点定义的方向和一个高度值布满一个区域。此选项只适用于水平方向的文字。高度以图形单位表示，是大写字母从基线开始的延伸距离。指定的文字高度是文字起点到用户指定的点之间的距离。文字字符串越长，字符越窄，而字符高度保持不变。

⑦左上(TL)。以指定为文字顶点的点上左对正文字。此选项只适用于水平方向的文字。

⑧中上(TC)。以指定为文字顶点的点居中对正文字。此选项只适用于水平方向的文字。

⑨右上(TR)。以指定为文字顶点的点右对正文字。此选项只适用于水平方向的文字。

⑩左中(ML)。以指定为文字中间点的点上靠左对正文字。此选项只适用于水平方向的文字。

⑪正中(MC)。以文字的中央水平和垂直居中对正文字。此选项只适用于水平方向的文字。

⑫右中(MR)。以指定为文字的中间点的点右对正文字。此选项只适用于水平方向的文字。

⑬左下(BL)。以指定为基线的点左对正文字。此选项只适用于水平方向的文字。

⑭中下(BC)。以指定为基线的点居中对正文字。此选项只适用于水平方向的文字。

⑮右下(BR)。以指定为基线的点靠右对正文字。此选项只适用于水平方向的文字。

上述各种对齐方式如图4-59所示。

3)"样式(S)"选项。指定文字样式，文字样式决定文字字符的外观。创建的文字使用当前文字样式。在命令行中输入"J"并按"Enter"键选择该选项，命令行提示如下：

指定文字的中心点或[对正(J)/样式(S)]：S↙

输入样式名或[?]〈Standard〉：

若需要查询文字样式列表，则可在命令行输入"?"后按两次"Enter"键，此时系统将弹出如图4-60所示的"AutoCAD文本窗口-×××"对话框，文本框中列出了当前文字样式、关联的字体文件、字体高度及其他参数。

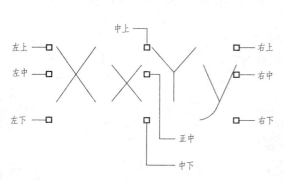

图 4-59 对齐方式

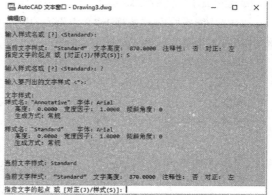

图 4-60 "AutoCAD 文本窗口-×××"对话框

【例 4-14】 如图 4-61 所示,在表格中书写文字。

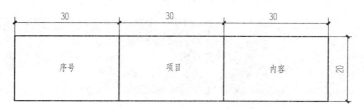

图 4-61 表格中书写文字

【解】 操作步骤如下:

(1)画出表格。

(2)在命令行输入"TEXT"后按"Enter"键,命令行出现提示:

命令:_ text

当前文字样式:"Standard" 文字高度:2.5 注释性:否 对正:正中

指定文字的中间点或[对正(J)/样式(S)]:J✓   (选择"对正(J)"选项)

输入选项[左(L)/居中(C)/右(R)/对齐(A)/中间(M)/布满(F)/左上(TL)/中上(TC)/右上(TR)/左中(ML)/正中(MC)/右中(MR)/左下(BL)/中下(BC)/右下(BR)]:MC✓

(选择"正中(MC)"选项)

指定文字的中间点:(利用对象追踪找到表格的中点,确定文字中间点)

指定高度〈2.5000〉:5✓   (指定文字高度为"5")

指定文字的旋转角度〈0〉:✓   (直接按"Enter"键)

在表格中输入文字即可,输入完毕后,按"Enter"键两次即可完成表格文字的输入。

2. 标注多行文字

用多行文字可以创建复杂的文字说明,可由任意多行文字组成,所有的内容作为一个独立的实体,可以分别设置段落内文字的属性(高度、字体等),还可以在多行文字编辑器中实现堆叠文字。

(1)执行方式。

1)在菜单栏中选择"绘图"→"文字"→"多行文字"命令。

2）在"文字"工具栏或"绘图"工具栏中单击"多行文字"按钮 **A** 。

3）在功能区"注释"选项卡"文字"面板中单击"单行文字"按钮 **A** ，或在功能区"默认"选项卡"注释"面板中单击"单行文字"按钮 **A** 。

4）在命令行输入"MTEXT"后按"Enter"键。

（2）操作格式。按上述任一种方式操作并指定第一个角点后，系统命令行提示如下：

命令： _ mtext

当前文字样式:"Standard" 文字高度：2.5 注释性：否

指定第一角点：

指定对角点或[高度(H)/对正(J)/行距(L)/旋转(R)/样式(S)/宽度(W)/栏(C)]：

（3）选项说明。

1）"指定对角点"选项。直接在屏幕上单击选取一个点作为矩形框的第二个角点，AutoCAD以这两个点为对角点形成一个矩形区域，用以显示多行文字对象的位置和尺寸。矩形内的箭头指示段落文字的走向。如果此时功能区处于激活打开状态，则系统将打开如图 4-62 所示的"文字编辑器"功能区选项卡和显示一个多行文字输入框。

图 4-62 "文字编辑器"功能区和多行文字输入框

2）"高度（H）"选项。指定用于多行文字字符的文字高度。在命令行输入"H"并按"Enter"键后，命令行提示如下：

指定对角点或[高度(H)/对正(J)/行距(L)/旋转(R)/样式(S)/宽度(W)/栏(C)]：H↙

指定高度〈2.5〉：

应注意的是，只有当前文字样式不是注释性时，才显示"指定高度"的提示，若当前文字样式是注释性，则将显示"指定图纸文字高度"的提示。

3）"对正（J）"选项。根据文字边界，确定新文字或选定文字的文字对齐和文字走向。将当前对正方式应用于新文字。在命令行输入"J"并按"Enter"键后，命令行提示如下：

指定对角点或[高度(H)/对正(J)/行距(L)/旋转(R)/样式(S)/宽度(W)/栏(C)]：J↙

输入对正方式[左上(TL)/中上(TC)/右上(TR)/左中(ML)/正中(MC)/右中(MR)/左下(BL)/中下(BC)/右下(BR)]〈左上(TL)〉：

这些对正方式与"TEXT"命令中的各对正方式相同。用户选择一种对正方式后按"Enter"键，系统将返回上一级提示。

4）"行距（L）"选项。用于设置行间距，即相邻两行文字基线或底线之间的垂直距离。在命令行输入"L"并按"Enter"键后，命令行提示如下：

指定对角点或[高度(H)/对正(J)/行距(L)/旋转(R)/样式(S)/宽度(W)/栏(C)]：L↙

输入行距类型［至少(A)/精确(E)］〈至少(A)〉:

其中，"至少"选项表明根据行中最大字符的高度自动调整文字行，当选定"至少"时，包含更高字符的文字行会在行之间加大间距;"精确"选项强制多行文字对象中所有文字行之间的行距相等，间距由对象的文字高度或文字样式决定。

5)"旋转(R)"选项。指定文字边界的旋转角度。在命令行输入"R"并按"Enter"键后，命令行提示如下:

指定对角点或［高度(H)/对正(J)/行距(L)/旋转(R)/样式(S)/宽度(W)/栏(C)］: R↙

指定旋转角度〈0〉:

如果使用定点设备(如鼠标)指定点，则旋转角度通过 X 轴和由最近输入的点［默认情况下为(0，0，0)］与指定点定义的直线之间的角度来确定。

6)"样式(S)"选项。指定用于多行文字的文字样式。

7)"宽度(W)"选项。指定文字边界的宽度。如果用定点设备指定点，那么宽度为起点与指定点之间的距离。多行文字对象每行中的单字可自动换行，以适应文字边界的宽度。如果指定宽度值为0，词语换行将关闭且多行文字对象的宽度与最长的文字行宽度一致。通过键入文字并按"Enter"键，可以在特定点结束一行文字。

8)"栏(C)"选项。指定多行文字对象的列选项。在命令行输入"C"并按"Enter"键后，命令行提示如下:

指定对角点或［高度(H)/对正(J)/行距(L)/旋转(R)/样式(S)/宽度(W)/栏(C)］: C↙

输入栏类型［动态(D)/静态(S)/不分栏(N)］〈动态(D)〉:

其中，"动态(D)"选项指定栏宽、栏间距宽度和栏高，动态栏由文字驱动，调整栏将影响文字流，而文字流将导致添加或删除栏;"静态(S)"选项指定总栏宽、栏数、栏间距宽度(栏之间的间距)和栏高;"不分栏(N)"选项将不分栏模式设置给当前多行对象。

(4)"文字编辑器"功能区上下文选项卡。

1)"样式"面板。

①样式。向多行文字对象应用文字样式。默认情况下，"标准"文字样式处于活动状态。

②注释性。打开或关闭当前多行文字对象的"注释性"。

③文字高度。使用图形单位设定新文字的字符高度或更改选定文字的高度。多行文字对象可以包含不同高度的字符。

2)"格式"面板。

①"粗体"按钮 **B** 和"斜体"按钮 *I*。打开和关闭新文字或选定文字的粗体格式或斜体格式。此两选项只适用于使用 TrueType 字体的字符。

②"下划线"按钮 U 和"上划线"按钮 O。打开和关闭新文字或选定文字的上划线或下划线。

③"删除线"按钮 A。打开和关闭新文字或选定文字的删除线。

④大小写(下拉列表)。将选定文字更改为大写或小写。

⑤"字体"下拉列表。为新输入的文字指定字体或更改选定文字的字体。TrueType 字体按字体族的名称列出，AutoCAD 编译的形(SHX)字体按字体所在文件的名称列出，自定义字体和第三方字体在编辑器中显示为 Autodesk 提供的代理字体。

⑥"颜色"下拉列表。指定新文字的颜色或更改选定文字的颜色。

⑦"背景遮罩"按钮。单击该按钮，系统弹出如图 4-63 所示的"背景遮罩"对话框，利用该对话框可以控制在多行文字后面是否使用不透明背景。

⑧倾斜角度。确定文字是向前倾斜还是向后倾斜。倾斜角度表示的是相对于 90°方向的偏移角度。输入一个-85到 85 之间的数值使文字倾斜。倾斜角度的值为正时，文字向右倾斜；倾斜角度的值为负时，文字向左倾斜。

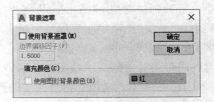

图 4-63　"背景遮罩"对话框

⑨追踪。增大或减小选定字符之间的空间。设置为"1.0"，是常规间距；大于 1.0，可增大间距；小于 1.0，可减小间距。

⑩宽度因子。扩展或收缩选定字符。设置为"1.0"，代表此字体中字母的常规宽度。

3)"段落"面板。

①"对正"按钮 A。单击该按钮，将显示"多行文字对正"菜单，包括左上、中上、右上、左中、正中、右中、左下、中下、右下共九个对齐选项可用，其中默认为"左上"。

②项目符号和编号。显示"项目符号和编号"菜单，其中：

a."关闭"：如果选择此选项，将从应用了列表格式的选定文字中删除字母、数字和项目符号，不更改缩进状态。

b."以字母标记"：此应用将带有句点的字母用于列表中项的列表格式。如果列表含有的项多于字母中含有的字母，则可以使用双字母继续序列。

c."以数字标记"：此应用将带有句点的数字用于列表中项的列表格式。

d."以项目符号标记"：此应用将项目符号用于列表中项的列表格式。

e."起点"：在列表格式中启动新的字母或数字序列。如果选定的项位于列表中间，则选定项下面的未选中的项也将成为新列表的一部分。

f."连续"：将选定的段落添加到上面最后一个列表，然后继续序列。如果选择了列表项而非段落，选定项下面的未选中的项将继续序列。

g."允许自动列表"复选框：以键入的方式应用列表格式。以下字符可以用作字母和数字后的标点，并且不能用作项目符号：句点(.)、逗号(,)、右括号())、右尖括号(>)、右方括号(])和右花括号(})。

h."仅使用制表符分隔"：限制"允许自动列表"和"允许项目符号和列表"选项。仅当字母、数字或项目符号字符后的空格通过按"Tab"键而不是"Space"键创建时，列表格式才会应用于文字。

i."允许项目符号和列表"复选框：如果选择此选项，列表格式将应用到外观类似列表的多行文字对象中的所有纯文本。

如果清除复选标记，多行文字对象中的所有列表格式都将被删除，各项将被转换为纯文本。"允许自动列表"将被关闭，并且除"允许项目符号和列表"外，所有项目符号和列表选项均不可用。

③行距。显示建议的行距选项或弹出"段落"对话框，在当前段落或选定段落中设置行距。所谓行距，是指多行段落中文字的上一行底部和下一行顶部之间的距离。系统中预定义的选项包括：

a."1.0x""1.5x""2.0x"或"2.5x"：在多行文字中将行距设定为 0.5x 的增量。

b."更多"：显示提供其他选项的"段落"对话框，如图 4-64 所示。

c."清除段落间距"：删除选定段落或当前段落的行距设置。段落将默认为多行文字间距设置。

④"左对齐"按钮、"居中"按钮、"右对齐"按钮、"两端对齐"按钮和"分散对齐"按钮。设置当前段落或选定段落的左、中或右文字边界的对正和对齐方式，包括在一行的末

尾输入的空格，这些空格会影响行的对正。

4)"插入"面板。

①"列"按钮 ▣ 。单击该按钮，将显示"栏"子菜单。该子菜单包括"不分栏""静态栏""动态栏""插入分栏符""分栏设置"等选项。

②"符号"按钮 @ 。在光标位置插入符号或不间断空格。单击该按钮，将显示如图 4-65 所示的子菜单。子菜单中列出了常用符号及其控制代码或 Unicode 字符串。单击"其他"，将弹出如图 4-66 所示的"字符映射表"对话框，其中包含了系统中每种可用字体的整个字符集。选中所有要使用的字符后，单击"复制"关闭对

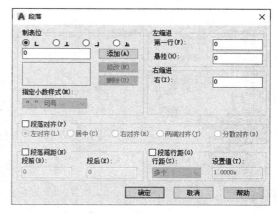

图 4-64 "段落"对话框

话框，然后在编辑器中单击鼠标右键并单击"粘贴"按钮。需要注意的是，不支持在垂直文字中使用符号。

图 4-65 "符号"子菜单

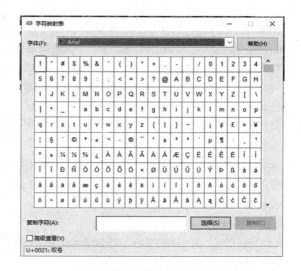

图 4-66 "字符映射表"对话框

③"字段"按钮 ▣ 。单击该按钮，系统将弹出如图 4-67 所示的"字段"对话框，从中可以选择要插入文字中的字段。关闭该对话框后，字段的当前值将显示在文字中。

5)"拼写检查"面板。

①"拼写检查"按钮 ▣ 。确定键入时拼写检查处于打开还是关闭状态。

②"编辑词典"按钮 ▣ 。单击该按钮，系统将弹出如图 4-68 所示的"词典"对话框，从中可添加或删除在拼写检查过程中使用的自定义词典。

6)"工具"面板。

①"查找和替换"按钮 ▣ 。单击该按钮，系统将弹出如图 4-69 所示的"查找和替换"对话框。

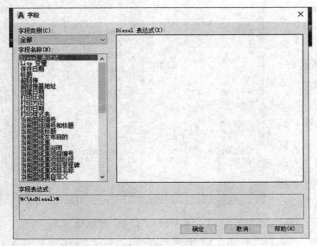

图 4-67 "字段"对话框

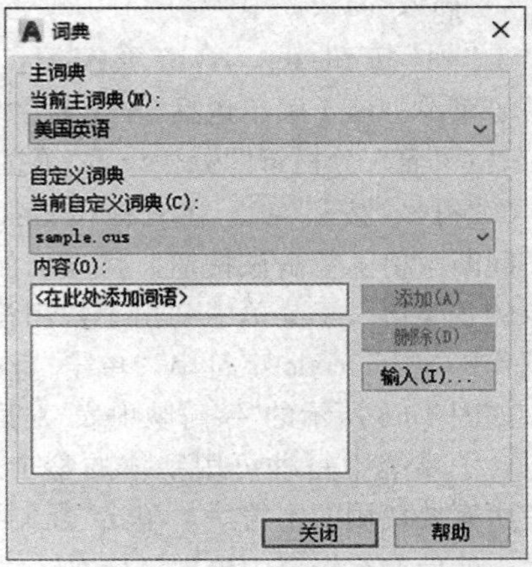

图 4-68 "词典"对话框

②"输入文字"按钮。单击该按钮，将弹出"选择文件"对话框，从中选择任意"ASCII"或"RTF"格式的文件。输入的文字将保留原始字符格式和样式特性，但可以在编辑器中编辑输入的文字并设置其格式。选择要输入的文本文件后，可以替换选定的文字或全部文字，或在文字边界内将插入的文字附加到选定的文字中。输入文字的文件必须小于 32 kB。编辑器自动将文字颜色设定为"BYLAYER"。当插入黑色字符且背景色是黑色时，编辑器自动将其修改为白色或当前颜色。

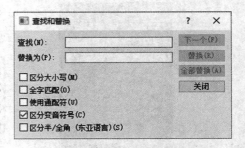

图 4-69 "查找和替换"对话框

③"自动大写"按钮。单击该按钮，将所有新建文字和输入的文字转换为大写。"自动大写"不影响已有的文字。要更改现有文字的大小写，可在选中文字后再单击鼠标右键，在弹出的快捷菜单中选择相应的命令。

7)"选项"面板。

①"放弃"按钮 ⟲。单击该按钮，将放弃在"文字编辑器"功能区选项卡中执行的动作，包括对文字内容或文字格式的更改。

②"重做"按钮 ⟳。单击该按钮，将重做在"文字编辑器"功能区选项卡中执行的动作，包括对文字内容或文字格式的更改。

③"标尺"按钮 ▭。单击该按钮，将决定在编辑器顶部是否显示标尺。拖动标尺末尾的箭头可更改多行文字对象的宽度。列模式处于活动状态时，还会显示高度和列夹点。从标尺中也可选择制表符。

④"其他"按钮。显示其他文字选项列表。

8)"关闭"面板。单击面板中的"关闭文字编辑器"按钮 ✕，将结束"MTEXT"命令并关闭"文字编辑器"功能区选项卡。

3. 创建堆叠文字

堆叠文字是指应用于多行文字对象与多重引线中的字符的分数和公差格式。在 AutoCAD 中使用正向斜杠(/)、磅符号(♯)、插入符号(˄)等特殊符号可以指示选定文字的堆叠位置。其中，包含正向斜杠(/)的文字转换为居中对正的分数值，斜杠被转换为一条与较长的字符串长度相同的水平线；包含磅符号(♯)的文字转换为被斜线(高度与两个文字字符串高度相同)分开的分数，斜线上方的文字向右下对齐，斜线下方的文字向左上对齐；包含插入符号(˄)的文字创建公差堆叠(垂直堆叠，且不用直线分隔)。

(1)手动堆叠文字。在功能区未被激活打开的情况下，执行创建多行文字命令，将打开文字编辑器，利用"文字格式"工具栏中的"堆叠"按钮 可以手动堆叠文字。具体方法为：在"在位文字编辑器"文本框中输入文字后，选择其中包含堆叠字符的文字，然后单击"文字格式"工具栏中的"堆叠"按钮 即可；如果选定堆叠文字，则取消堆叠。表 4-3 中列出了以堆叠格式输入的文字效果。

表 4-3　堆叠格式输入效果

非堆叠	堆叠
M˄n	M^n
1/2	$\dfrac{1}{2}$
％％P0.2 a˄0.3	±0.2

(2)自动堆叠文字。进行文字输入时，如果输入由堆叠字符[即正向斜杠(/)、磅符号(♯)、插入符号(˄)等]分隔的文字后，再输入非数字字符或按"Space"键，系统将弹出如图 4-70 所示的"自动堆叠特性"对话框。利用此对话框可以设置自动堆叠数字(不含非数字文字)并删除前导空格。例如，在非数字字符或空格之后输入"1♯3"，则输入的文字自动堆叠为斜分数。

当启用自动堆叠时，在该对话框中也可以指定斜杠字符的堆叠形式，即是转换成斜分数形式还是水平分数形式。

如果不想使用"自动堆叠"，则可以在弹出"自动堆叠特性"对话框后，单击对话框中的"取消"按钮并退出对话框。应注意的是，无论是启用还是关闭自动堆叠，磅符号(♯)始终被转换为斜分数，插入符号(˄)始终被转换为公差格式。

(3)设置堆叠特性。在"堆叠特性"对话框中单击"自动堆叠"按钮，系统将弹出如图 4-70 所示的"自动堆叠特性"对话框。利用该对话框，既可以更改堆叠分数的分子和分母，分别编辑上面和下面的文字，也可以设置堆叠外观，编辑堆叠分数的样式、位置或字号。

如果单击"堆叠特性"对话框中的"自动堆叠"按钮，则弹出如图 4-71 所示的"堆叠特性"对话框。

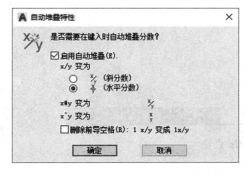

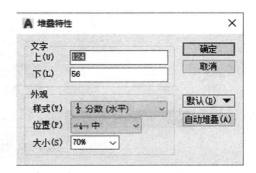

图 4-70　"自动堆叠特性"对话框　　　图 4-71　"堆叠特性"对话框

【例 4-15】 创建如图 4-72 所示的材料说明，标题为黑体，加下划线，字高 2.5；正文字体为宋体，字高 2。

【解】 操作步骤如下：

在命令行输入"MTEXT"后按"Enter"键，命令行提示如下：

命令：_ mtext

当前文字样式："Standard" 文字高度：2.5 注释性：否

指定第一角点：

选定第一点后，命令行提示如下：

指定对角点或[高度(H)/对正(J)/行距(L)/旋转(R)/样式(S)/宽度(W)/栏(C)]：

拖动鼠标指定对角点。在打开的"文字编辑器"功能区上下文选项卡中，选择样式为当前所建的"建筑文字样式"，文字高度为 2，在文本框中输入文字，再选定标题文字，设置其字体为黑体、高度为 2.5 并设下划线。文本中的堆叠文字，输入包含堆叠字符的文字后按"Enter"键或"Space"键，弹出"自动堆叠特性"对话框，可设置相关属性，单击"确定"按钮，结果如图 4-72 所示。

材料说明：

混凝土：采用C30(f_c=14.3 N/mm², f_t=1.4.3 N/mm²)。

钢筋：梁中受力纵筋采用HRB400钢筋(f_y=360 MPa)
　　　其他钢筋均采用HPB235钢筋(f_y=210 MPa)

选配(双肢箍)　　ϕ8@120

图 4-72　创建各行文字及堆叠文字

4. 编辑文字

(1)执行方式。

1)在菜单栏中选择"修改"→"对象"→"文字"→"编辑"命令，如图 4-73 所示。

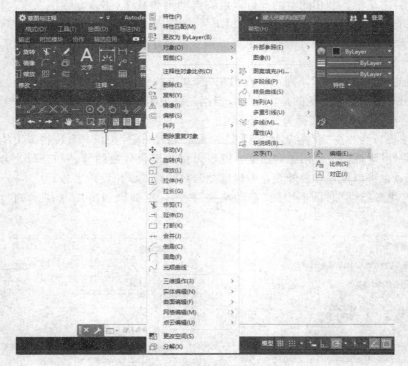

图 4-73　"编辑"命令

2)在"文字"工具栏中单击"编辑"按钮 ，如图 4-74 所示。

3)选中需要编辑的文字后，再在文字上双击鼠标左键。

4)在命令行中输入命令"DDEDIT"后按"Enter"键。

（2）操作格式。

选择相应的菜单项，或在命令行输入"DDEDIT"后按"En-
ter"键，命令行提示如下：

命令： _ ddedit

选择注释对象或[放弃(U)]:

图4-74　"编辑"按钮

要求选择想要修改的文本，同时光标变为拾取框。用拾取框单击对象，如果选取的文本是用"TEXT"命令创建的单行文本，则亮显该文本，此时可对其进行修改；如果选取的文本是用"MTEXT"命令创建的多行文本，选取后，则打开多行文字编辑器，可根据前面的介绍对各项设置或内容进行修改。

另外，用户还可以利用"特性"选项板对选定文字进行编辑修改。当选中需要修改的单行文字或多行文字后，在菜单栏中选择"工具"→"选项板"→"特性"命令或"修改"→"特性"命令，弹出"特性"选项板，在该选项板中按照相关要求修改选中文字对象的内容和特性。修改完毕后，按"Esc"键关闭"特性"选项板。

二、表格编辑

在 AutoCAD 以前的版本中，要绘制表格必须采用绘制图线或图线结构"偏移""复制"等编辑命令来完成。这样的操作过程烦琐而复杂，不利于提高绘图效率。表格功能使创建表格变得非常容易，用户可以直接插入设置好样式的表格，而不用绘制由单独的图线组成的栅格。

（一）表格样式

与创建文字前应先定义文字样式一样，在创建表格前，也应先定义表格样式以控制表格外观，用于保证标准的字体、颜色、文本、高度和行距。可使用默认表格样式"Standard"，或根据需要创建或编辑新的表格样式。

1. 执行方式

（1）在菜单栏中选择"格式"→"表格样式"命令，如图 4-75 所示。

图4-75　"表格样式"命令

(2)在"样式"工具栏中单击"表格样式"按钮 ，如图 4-76 所示。

(3)在功能区"默认"选项卡"注释"面板中单击"表格样式"按钮，或单击功能区"注释"选项卡"表格"面板右下角的"表格样式"按钮。

图 4-76 "表格样式"按钮

(4)在命令行输入"TABLESTYLE"后按"Enter"键。

2. 操作格式

上述任意一种方式操作后，系统弹出"表格样式"对话框，如图 4-77 所示。

在该对话框中，显示当前默认使用的表格样式为"Standard"；"样式"列表中显示了当前图形所包含的表格样式，其中当前样式被亮显；"预览"窗口中显示"样式"列表中选定样式的预览图像；"列出"下拉列表中控制"样式"列表的内容，可选择显示图形中的所有样式，或正在使用的样式。

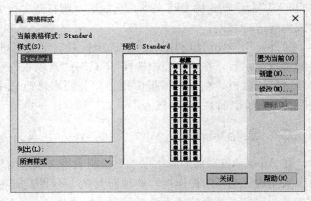

图 4-77 "表格样式"对话框

3. 选项说明

(1)置为当前。将"样式"列表中选定的表格样式设定为当前样式，所有新表格都将使用此表格样式创建。

(2)新建。用于定义新的表格样式。单击"新建"按钮将弹出"创建新的表格样式"对话框，如图 4-78 所示，在该对话框中输入新建表格样式的名称，并在"基础样式"下拉列表框中选择一种基础样式，则新样式将在该样式的基础上进行修改，单击"继续"按钮，将弹出"新建表格样式"对话框，如图 4-79 所示。

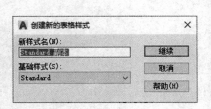

图 4-78 "创建新的表格样式"对话框

图 4-79 "新建表格样式"对话框

"新建表格样式"对话框中各选项组含义如下：

1)"起始表格"选项组。使用户可以在图形中指定一个表格用作样例来设置此表格样式的格式。选择表格后，可以指定要从该表格复制到表格样式的结构和内容。使用"删除表格"按钮 ，可以将表格从当前指定的表格样式中删除。

2)"常规"选项组。可以完成对表格方向的设置。

①表格方向：设置表格方向。"向下"将创建由上而下读取的表格，此时标题行和列位于表格的顶部。"向上"将创建由下而上读取的表格，此时标题行和列位于表格的底部。

②预览：显示当前表格样式设置效果的样例。

3)"单元样式"选项组。定义新的单元样式或修改现有单元样式，可以创建任意数量的单元样式。

①"单元样式"下拉列表。显示表格中的单元样式。

②"创建单元样式"按钮 。单击该按钮，系统将弹出"创建新单元样式"对话框。

③"管理单元样式"按钮 。单击该按钮，系统将弹出如图 4-80 所示的"管理单元样式"对话框。

④"常规"选项卡。包括表格的填充颜色、对齐方式、数据类型和格式；水平、垂直之间的距离；其中类型将单元样式指定为标签或数据，在包含起始表格的表格样式中插入默认文字时使用，也用于在工具选项板上创建表格工具的情况。选中"创建行/列时合并单元"复选框将使用当前单元样式创建的所有新行或列合并到一个单元中。

⑤"文字"选项卡。包括表格内文字样式、文字高度、文字颜色和文字角度的设置。

⑥"边框"选项卡。包括线宽、线型、颜色、间距、双线的设置。

（3）修改。单击该按钮，系统将弹出如图 4-81 所示的"修改表格样式"对话框，从中可修改选中的表格样式。该对话框中各选项的含义与前述"新建表格样式"对话框中基本相同。

（4）删除。删除选中的表格样式。

图 4-80 "管理单元样式"对话框

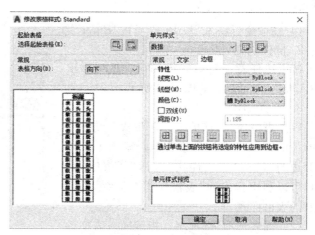

图 4-81 "修改表格样式"对话框

（二）创建表格

设置表格样式，确定字体、颜色、文字、高度等后，可执行相关命令创建表格。

1. 执行方式

（1）在菜单栏中选择"绘图"→"表格"命令，如图 4-82 所示。

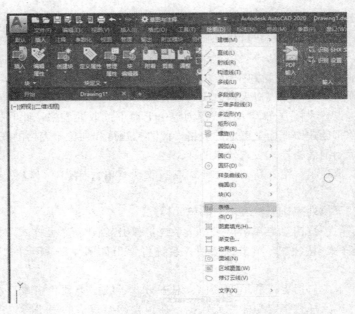

图4-82 "表格"命令

（2）在"绘图"工具栏中单击"表格"按钮，如图4-83所示。

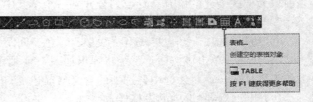

（3）在功能区"默认"选项卡"注释"面板中单击"表格"按钮，或在功能区"注释"选项卡"表格"面板中单击"表格"按钮。

图4-83 "表格"按钮

（4）在命令行输入"TABLE"后按"Enter"键。

2. 操作格式

按上述任意一种方式操作后，系统弹出"插入表格"对话框，如图4-84所示。

3. 选项说明

（1）"表格样式"选项组：在要从中创建表格的当前图形中选择表格样式。单击下拉列表旁边的"启动'表格样式'对话框"按钮，用户可以利用弹出的"表格样式"对话框来创建新的表格样式。

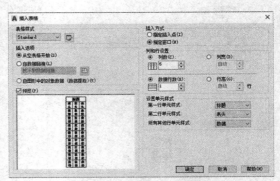

图4-84 "插入表格"对话框

（2）"插入选项"选项组：指定插入表格的方式。若选中"从空表格开始"单选按钮，将创建可以手动填充数据的空表格；若选中"自数据链接"单选按钮，将从外部电子表格中的数据创建表格；若选中"自图形中的对象数据（数据提取）"单选按钮，将启动"数据提取"向导。

（3）"预览"：控制是否显示预览。如果从空表格开始，则预览将显示表格样式的样例；如果创建表格链接，则预览将显示结果表格。处理大型表格时，可取消选中此复选框以提高性能。

（4）"插入方式"选项组：指定表格插入的位置。若选中"指定插入点"单选按钮，则要求在绘图区域中指定表格左上角的位置；若选中"指定窗口"单选按钮，则要求在绘图区中指定表格的大小和位置（选中此单选按钮时，行数、列数、列宽和行高取决于窗口的大小及列和行设置）。

（5）"列和行设置"选项组：设置列和行的数目和大小。

1）列数：指定列数。选中"指定窗口"单选按钮并指定列宽时，"自动"选项将被选定，且列数由表格的宽度控制。如果已指定包含起始表格的表格样式，则可以选择要添加到此起始表格的其他列的数量。

2）列宽：指定列的宽度。选中"指定窗口"单选按钮并指定列数时，则选定了"自动"选项，且列宽由表格的宽度控制。最小列宽为一个字符。

3）数据行数：指定行数。选中"指定窗口"单选按钮并指定行高时，则选定了"自动"选项，且行数由表格的高度控制。带有标题行和表格头行的表格样式最少应有三行，最小行高为一个文字行。如果已指定包含起始表格的表格样式，则可以选择要添加到此起始表格的其他数据行的数量。

4）行高：按照行数指定行高。文字行高基于文字高度和单元边距，这两项均在表格样式中设置。选中"指定窗口"单选按钮并指定行数时，则选定了"自动"选项，且行高由表格的高度控制。

（6）"设置单元样式"选项组。对于那些不包含起始表格的表格样式，应指定新表格中行的单元格式。其中，"第一行单元样式"列表框用于指定表格中第一行的单元样式，默认情况下使用标题单元样式；"第二行单元样式"列表框用于指定表格中第二行的单元样式，默认情况下使用表头单元样式；"所有其他行单元样式"列表框用于指定表格中所有其他行的单元样式，默认情况下使用数据单元样式。

（三）编辑表格

使用前面所述方法创建表格后，有时需对表格进行修改。首先，单击表格上的任意网格线以选中需要修改的表格，然后在菜单栏中选择"修改"→"特性"命令，或在"标准"工具栏单击"特性"按钮，系统弹出"特性"选项板，从中单击要修改的特性值并输入一个新的特性值即可，如图 4-85 所示。另外，若双击需要修改表格的任意网格线，也可弹出"特性"选项板来对相应的特性值进行修改。

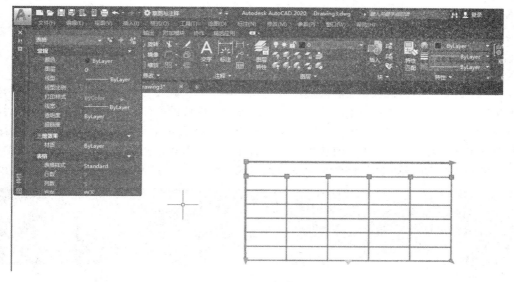

图 4-85　使用"特性"选项板修改表格

如果要通过夹点修改表格，则单击表格上的任意网格线，表格将变成夹点模式，通过各个夹点可以修改表格的行高和列宽，具体如图 4-86 所示。

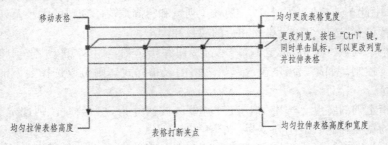

图 4-86 使用夹点修改表格

更改表格的高度或宽度时，只有与所选夹点相邻的行或列会被更改，表格整体的高度或宽度将保持不变，如图 4-87(a)所示。若要根据正在编辑的行或列的大小按比例更改表格的大小，则应在使用列夹点时按住"Ctrl"键，如图 4-87(b)所示。

图 4-87 更改表格高度或宽度
(a)更改列宽，表格大小不变；(b)更改列宽并拉伸表格

若要修改表格单元，可先在表格单元内单击以选中它，单元边框的中央将显示夹点（图 4-88），拖动表格单元上的夹点可以使表格单元及其列或行更宽或更小。若要选择多个单元，可单击并在多个单元上拖动，也可以按住"Shift"键并在另一个单元内单击，同时选中这两个单元及它们之间的所有单元。

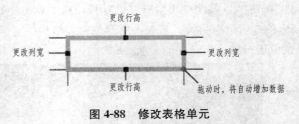

图 4-88 修改表格单元

如果在功能区处于活动状态时在表格单元内单击，则将显示如图 4-89 所示的"表格单元"功能区上下文选项卡，该选项卡中的工具可以执行与表格单元相关的操作；如果功能区未处于活动状态，则将显示如图 4-90 所示的"表格"工具栏，利用该工具栏可进行插入或删除行和列，合并和取消合并单元，匹配单元样式，改变单元边框的外观，编辑数据格式和对齐，锁定和解锁编辑单元，插入块、字段和公式，创建和编辑单元样式，将表格链接至外部数据等操作。另外，选

图 4-89 "表格单元"功能区上下文选项卡

择表格单元后，也可以单击鼠标右键，然后使用快捷菜单上的选项来插入或删除列和行、合并相邻单元或进行其他更改。

图 4-90 "表格"工具栏

若需改变表格单元内容，在表格单元处直接双击进入编辑状态即可修改，也可以在表格单元亮显时输入文字来替换其当前内容。

用户可以将具有大量行数的表格水平打断为主表格部分和次要表格部分。单击表格网格线选择该表格，然后使用"特性"选项卡的"表格打断"命令来启用表格打断，生成的次要表格可以位于主表格的右侧、左侧或下方，也可以指定表格部分的最大高度和间距；通过将"手动位置"设置为"是"，可以使用次要表格的夹点将其拖动到其他位置。

另外，在选中表格后，用户还可以通过单击表格底部中心网格线处的三角形夹点（即表格打断夹点，如图 4-89 所示）将表格打断成主要和次要表格部分。当三角形夹点指向下方时，表格打断处于非活动状态；当三角形夹点指向上方时，表格打断处于活动状态。

第五节　尺寸标注编辑

一、标注样式

(一)尺寸的基本组成要素

一个完整的尺寸标注通常由尺寸界线、尺寸线、箭头和标注文字等要素组成，如图 4-91 所示。

1. 尺寸界线

尺寸界线是从图形的轮廓线、轴线或对称中心线引出的延伸线。通常尺寸界线用于直线型及角度型尺寸的标注。在预设状态下，尺寸界线与尺寸线是互相垂直的，用户也可以将它改变到所需的角度。

2. 尺寸线

尺寸线位于一对尺寸界线之间。尺寸线不能用图形中的已有图线代替，必须单独画出。在标注时，还应避免尺寸线与其他尺寸线或尺寸界线相交，力求标注工整、清楚。

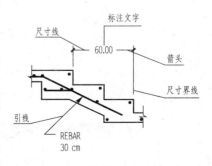

图 4-91　尺寸的基本组成要素

3. 箭头

箭头位于尺寸线与尺寸界线相交处，表示尺寸线的终止端。在不同的情况下使用不同样式的箭头符号来表示。在 AutoCAD 中，可以用箭头、短斜线、开口箭头、圆点或自定义符号来表示尺寸的终止。

4. 标注文字

标注文字是用来标明图纸中的距离或角度等的数值及说明文字。标注尺寸时，AutoCAD 将自动测量标注的对象大小，并在尺寸上给出测量结果，即尺寸文本。当用编辑命令修改对象时，尺寸文本将随之变化并自动给出新的对象大小，这种尺寸标注称为关联性尺寸。如果一个尺寸不具有整体性，就是无关性尺寸。当编辑修改对象时，尺寸线不发生变化。

(二)标注样式的设置

尺寸各基本组成要素的特性可以通过设置标注样式来控制。在进行尺寸标注之前，要建立尺寸标注的样式，要使标注的尺寸符合要求，即确定尺寸界线、尺寸线、箭头、标注文字的大小及相互之间的基本关系。设置合适的标注样式有利于确保符合国家或行业相关制图标准。

在创建标注时，系统将使用当前标注样式的有关设置。用户可以根据需要设置标注样式，并将其确定为当前标注样式。系统初始默认的标注样式为"ISO-25"样式。

1. 执行方式

(1)在菜单栏中选择"格式"→"标注样式"命令，如图 4-92 所示。

图 4-92 "标注样式"命令

(2)在工具栏中单击"标注样式"按钮 ，如图 4-93 所示。

图 4-93 "标注样式"工具栏

(3)在功能区"默认"选项卡"注释"面板中单击"标注样式"按钮 ，或单击功能区"注释"选项卡"标注"面板右下角的"标注样式"按钮，如图 4-94 所示。

（4）在命令行中输入"DIMSTYLE"或"DDIM"后按"Enter"键。

图 4-94 "注释"面板

2. 操作格式

按上述任一种方式操作后，系统弹出如图 4-95 所示的"标注样式管理器"对话框，在其中会显示当前可以选择的尺寸样式名，可以查看所选择样式的预览图。

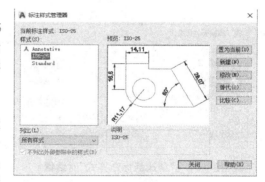

图 4-95 "标注样式管理器"对话框

3. 选项说明

（1）样式。该选项组用于显示当前图形所设置的所有标注样式的名称。

（2）列出。在"样式"下拉列表中控制样式显示。如果要查看图形中所有的标注样式，则选择"所有样式"选项；如果只希望查看图形中当前使用的标注样式，则选择"正在使用的样式"选项。

（3）不列出外部参照中的样式。如果选中此复选框，则在"样式"列表中将不显示外部参照图形的标注样式。

（4）置为当前。当用户从"样式"列表中选择一种样式后，单击该按钮，则系统把所选定的标注样式设置为当前标注样式。

（5）新建。单击该按钮，将弹出"创建新标注样式"对话框，用于指定新样式的名称或在某一样式的基础上进行修改。在用户设置好这些选项并单击"继续"按钮之后，将打开"新建标注样式"对话框，用以定义新的标注样式。

（6）修改。单击该按钮，将弹出"修改标注样式"对话框，使用此对话框可以对所选标注样式进行修改。

（7）替代。单击该按钮，将弹出"替代当前样式"对话框，使用此对话框可以设置当前使用的标注样式的临时替代值。选择"替代"后，当前标注格式的替代格式将被应用到所有尺寸标注中，直到用户转换到其他样式或删除替代格式为止。

（8）比较。单击该按钮，将弹出"比较标注样式"对话框。该按钮用于比较两种标注样式的特性或浏览一种标注样式的全部特性，并可将比较结果输出到 Windows 剪贴板上，然后再粘贴到

Windows 其他应用程序中。

（三）创建新标注样式

在图 4-95 所示的"标注样式管理器"对话框中单击"新建"按钮，系统将弹出如图 4-96 所示的"创建新标注样式"对话框。该对话框中的各选项说明如下：

（1）新样式名。指定新的标注样式名。

（2）基础样式。设定作为新样式的基础的样式。对于新样式，仅更改那些与基础特性不同的特性。

（3）注释性。指定标注样式为注释性。

（4）用于。创建一种仅适用于特定标注类型的标注子样式。

设置完毕后，单击"继续"按钮即可进入如图 4-97 所示的"新建标注样式"对话框进行各项设置。"新建标注样式"对话框共包括 7 个选项卡，在此对其设置进行详细讲解。

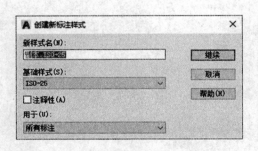

图 4-96 "创建新标注样式"对话框

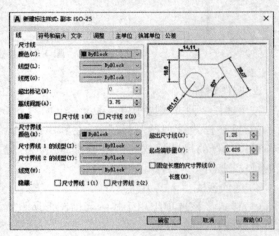

图 4-97 "新建标注样式"对话框

1. "线"选项卡

"线"选项卡用来设定尺寸线、尺寸界线、箭头和圆心标记的格式与特性，如图 4-97 所示。

（1）"尺寸线"选项组。设置尺寸线的特性。其中主要选项的含义如下：

1）颜色。显示并设置尺寸线的颜色。用户可以选择"颜色"下拉列表框中的某种颜色作为尺寸线的颜色，或在列表框中直接输入颜色名来获得尺寸线的颜色。如果单击"颜色"下拉列表框中的"选择颜色"按钮，则会弹出"选择颜色"对话框（图 4-98），用户可以从 288 种 AutoCAD 索引颜色（ACI）、真彩色和配色系统中选择颜色。

2）线型。用于设置尺寸线的线型。

3）线宽。设置尺寸线的线宽，下拉列表中列出了各种线宽的名字和宽度。

4）超出标记。指定当箭头使用倾斜、建筑标记和无标记时尺寸线超过尺寸界线的距离。

5）基线间距。当进行基线尺寸标注时，可以设置平行

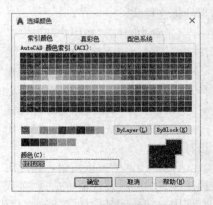

图 4-98 "选择颜色"对话框

尺寸线之间的距离。

6)隐藏。确定是否隐藏尺寸线。选中"尺寸线1"复选框表示隐藏第一段尺寸线，选中"尺寸线2"复选框表示隐藏第二段尺寸线。

(2)"尺寸界线"选项组。控制尺寸界线的外观。各选项含义如下：

1)颜色。显示并设置尺寸界线的颜色。

2)尺寸界线1的线型。用于设置尺寸界线1的线型。

3)尺寸界线2的线型。用于设置尺寸界线2的线型。

4)线宽。设置尺寸界线的线宽。

5)隐藏。不显示尺寸界线。如果选中"尺寸界线1"复选框，将隐藏第一条尺寸界线；如果选中"尺寸界线2"复选框，则隐藏第二条尺寸界线。如果同时选中两个复选框，则尺寸界线将被全部隐藏。

6)超出尺寸线。指定尺寸界线超出尺寸线的距离，用户可以在此输入自己的预定值。

7)起点偏移量。用于设置自图形中定义标注的点到尺寸界线的偏移距离。

8)固定长度的尺寸界线。用于设置尺寸界线从尺寸线开始到标注原点的总长度。

9)长度。输入尺寸界线长度的数值。

(3)预览。显示样例标注图像，它可显示对标注样式设置所做更改的效果。

2."符号和箭头"选项卡

"符号和箭头"选项卡用于设定箭头、圆心标记、弧长符号和折弯半径标注的格式与位置，如图4-99所示。

(1)"箭头"选项组。用于设置尺寸线和引线箭头的类型及大小等。系统提供了20多种箭头的样式供选用，用户也可以使用自定义箭头样式。

1)第一个。用于设置第一个箭头的样式。当改变第一个箭头的类型时，第二个箭头将自动改变以同第一个箭头相匹配。若要指定用户定义的箭头块，则可选择"用户箭头"选项，系统将弹出"选择自定义箭头块"对话框，从中选择用户定义的箭头块的名称。

2)第二个。用于设置第二个箭头的样式。

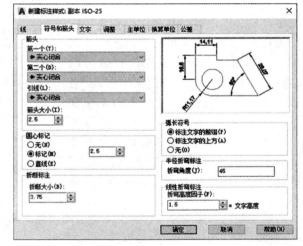

图4-99 "符号和箭头"选项卡

3)引线。用于设置引线的箭头样式。

4)箭头大小。用于设置箭头的大小。

(2)"圆心标记"选项组。该选项组用于控制直径标注与半径标注的圆心标记和中心线的外观。各选项含义如下：

1)无。不设置圆心标记或中心线，其存储值为0。

2)标记。设置圆心标记，其存储值为正值。

3)直线。设置中心线，其存储值为负值。

4)大小。显示和设定圆心标记或中心线的大小。

（3）"折断标注"选项组。在此选项组中控制折断标注的间隙宽度。其中"折断大小"微调框中通过上下箭头选择一个数值或直接在微调框中输入相应的数值来表示折断标注的间隙大小。

（4）"弧长符号"选项组。用于控制弧长标注中圆弧符号的显示。各选项含义如下：

1）标注文字的前缀。将弧长符号放置在标注文字之前。

2）标注文字的上方。将弧长符号放置在标注文字的上方。

3）无。不显示弧长符号。

（5）"半径折弯标注"选项组。用于控制折弯（Z形）半径标注的显示。折弯半径标注通常在圆或圆弧的圆心位于页面外部时创建。其中"折弯角度"用于确定折弯半径标注中尺寸线的横向线段的角度。

（6）"线性折弯标注"选项组。控制线性折弯标注的显示。当标注不能精确表示实际尺寸时，通常将折弯线添加到线性标注中。通常实际尺寸比所需值小。其中"折弯高度因子"通过形成折弯的角度的两个顶点之间的距离确定折弯高度。

3. "文字"选项卡

"文字"选项卡用来设置标注文字的格式、位置和对齐方式，如图 4-100 所示。

（1）"文字外观"选项组。用于控制标注文字的格式和大小。

1）文字样式。用于显示和设置当前标注文字样式。用户可以从其下拉列表中选择一种样式。若用户要创建和修改标注文字样式，则可以单击下拉列表框旁边的"文字样式"按钮 ⋯ ，弹出"文字样式"对话框，从中进行标注文字样式的创建和修改。

2）文字颜色。用于设置标注文字的颜色。如果单击"选择颜色"按钮（在"颜色"列表的底部），则将显示"选择颜色"对话框。

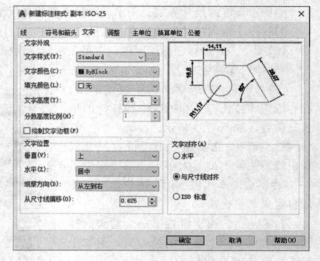

图 4-100 "文字"选项卡

3）填充颜色。用于设置标注文字背景的颜色。如果单击"选择颜色"按钮（在"颜色"列表的底部），则将显示"选择颜色"对话框。

4）文字高度。用于设置当前标注文字样式的高度。用户可以直接在文本框中输入需要的数值。如果用户在"文字样式"选项中将文字高度设置为固定值（即文字样式高度大于0），则该高度将替代此处设置的文字高度。如果要使用在"文字"选项卡上设置的高度，则必须确保"文字样式"中的文字高度设置为0。

5）分数高度比例。用于设置标注文字中分数相对于其他文字的比例。在此处输入的值乘以文字高度，可确定标注分数相对于标注文字的高度。仅当在"主单位"选项卡中选择"分数"作为"单位格式"时，此选项才可用。

6）绘制文字边框。选中该复选框，系统将在标注文字的周围绘制一个边框，如图 4-101所示。

（2）"文字位置"选项组。用来控制标注文字的位置。

1）垂直。用于控制标注文字相对尺寸线的垂直位置。在该下拉列表框中可选择的对齐方式有以下 5 种，效果如图 4-102 所示。

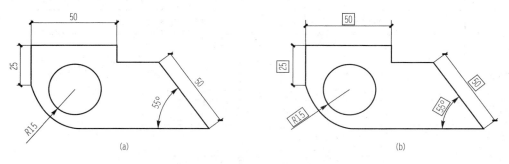

图 4-101　文字边框的尺寸标注

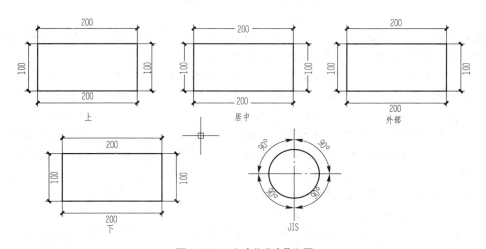

图 4-102　文字"垂直"位置

①上：将标注文字放在尺寸线上方。

②居中：将标注文字放在尺寸线的两部分中间。

③外部：将标注文字放在尺寸线上远离第一个定义点的一边。

④下：将标注文字放在尺寸线下方。

⑤JIS：按照日本工业标准(JIS)放置标注文字。

2)水平。用于控制标注文字在尺寸线上相对于尺寸界线的水平位置。在该下拉列表框中可选择的水平对齐方式有以下 5 种，效果如图 4-103 所示。

①居中：将标注文字沿尺寸线放在两条尺寸界线的中间。

②第一条尺寸界线：沿尺寸线与第一条尺寸界线左对正。尺寸界线与标注文字的距离是箭头大小加上文字间距之和的两倍。

③第二条尺寸界线：沿尺寸线与第二条尺寸界线右对正。尺寸界线与标注文字的距离是箭头大小加上文字间距之和的两倍。

④第一条尺寸界线上方：沿第一条尺寸界线放置标注文字或将标注文字放在第一条尺寸界线之上。

⑤第二条尺寸界线上方：沿第二条尺寸界线放置标注文字或将标注文字放在第二条尺寸界线之上。

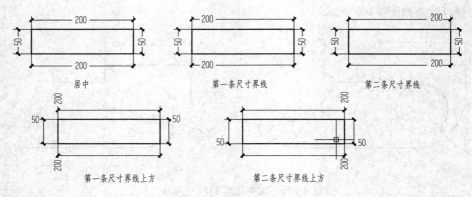

图 4-103 文字"水平"位置

3）观察方向。用于控制标注文字的观察方向。若选择"从左到右"，则将按从左到右阅读的方式放置文字；若选择"从右到左"，则将按从右到左阅读的方式放置文字。

4）从尺寸线偏移。用于设定当前文字间距。文字间距是指当尺寸线断开以容纳标注文字时标注文字周围的距离。此值也用作尺寸线段所需的最小长度。

仅当生成的线段至少与文字间距同样长时，才会将文字放置在尺寸界线内侧。仅当箭头、标注文字以及页边距有足够的空间容纳文字间距时，才将尺寸线上方或下方的文字置于内侧。

（3）"文字对齐"选项组。用于控制标注文字放在尺寸界线外边或里边时的方向是保持水平还是与尺寸界线平行。各选项含义如下：

1）水平。标注文字沿水平方向放置。

2）与尺寸线对齐。标注文字沿尺寸线方向放置。

3）ISO 标准。当标注文字在尺寸界线内时，文字将与尺寸线对齐，当标注文字在尺寸界线外时，文字将水平排列。

4. "调整"选项卡

"调整"选项卡用来设置标注文字、箭头、引线和尺寸线的放置位置，如图 4-104 所示。

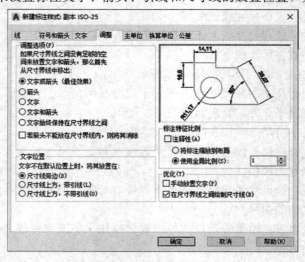

图 4-104 "调整"选项卡

(1)"调整选项"选项组。该选项组用于调整尺寸界线、尺寸文字与箭头之间的相互位置关系。如果尺寸界线间有足够大的空间，文字和箭头都将放在尺寸界线内；否则，将按照"调整选项"选项组中参数放置文字和箭头。各单选按钮的效果如图 4-105 所示。

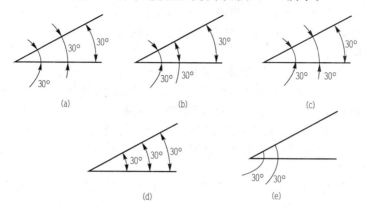

图 4-105 "调整选项"选项组中各单选按钮的效果
(a)空间不够时先移出箭头；(b)空间不够时先移出文字；(c)同时移出箭头和文字；
(d)文字始终保持在尺寸界线之间；(e)消除箭头

1)文字或箭头(最佳效果)。按照最佳效果将文字或箭头移动到尺寸界线外。

①当尺寸界线间的距离足够放置文字和箭头时，文字和箭头都放在尺寸界线内；否则，将按照最佳效果移动文字或箭头。

②当尺寸界线间的距离仅够容纳文字时，将文字放在尺寸界线内，而箭头放在尺寸界线外。

③当尺寸界线间的距离仅够容纳箭头时，将箭头放在尺寸界线内，而文字放在尺寸界线外。

④当尺寸界线间的距离既不够放文字又不够放箭头时，文字和箭头都放在尺寸界线外。

2)箭头。先将箭头移动到尺寸界线外，然后移动文字。

①当尺寸界线间距离足够放置文字和箭头时，文字和箭头都放在尺寸界线内。

②当尺寸界线间距离仅够放下箭头时，将箭头放在尺寸界线内，而文字放在尺寸界线外。

③当尺寸界线间距离不足以放下箭头时，文字和箭头都放在尺寸界线外。

3)文字。先将文字移动到尺寸界线外，然后移动箭头。

①当尺寸界线间距离足够放置文字和箭头时，文字和箭头都放在尺寸界线内。

②当尺寸界线间距离仅能容纳文字时，将文字放在尺寸界线内，而箭头放在尺寸界线外。

③当尺寸界线间距离不足以放下文字时，文字和箭头都放在尺寸界线外。

4)文字和箭头。当尺寸界线间距离不足以放下文字和箭头时，文字和箭头都移到尺寸界线外。

5)文字始终保持在尺寸界线之间，即始终将文字放在尺寸界线之间。

6)若箭头不能放在尺寸界线内，则将其消除。如果尺寸界线内没有足够的空间，则不显示箭头。

(2)"文字位置"选项组。用于设置标注文字从默认位置(由标注样式定义的位置)移动时标注文字的位置。各选项含义如下：

1)尺寸线旁边。选中此单选按钮，则标注文字被放在尺寸线旁边。只要移动标注文字，尺寸线就会随之移动。

2)尺寸线上方，带引线。选中此单选按钮，则标注文字放在尺寸线上方。移动文字时，尺寸线不会移动。如果将文字从尺寸线上移开，将创建一条连接文字和尺寸线的引线。当文字非常靠近尺寸线时，将省略引线。

3）尺寸线上方，不带引线。选中此单选按钮，则标注文字放在尺寸线上方。移动文字时，尺寸线不会移动。远离尺寸线的文字不与带引线的尺寸线相连。

（3）"标注特征比例"选项组。用于设置全局标注比例值或图纸空间比例。各选项含义如下：

1）注释性。指定标注为注释性。

2）将标注缩放到全局。根据当前模型空间视口和图纸空间之间的比例确定比例因子。

3）使用全局比例。用于设置全局比例因子，在框中设置的比例因子将影响文字字高、箭头尺寸、偏移、间距等标注特性，但这个比例不改变标注测量值。

（4）"优化"选项组。提供用于放置标注文字的其他选项。各选项含义如下：

1）手动放置文字。选中此复选框表示每次标注时总是需要用户设置放置文字的位置；反之则在标注文字时使用默认设置。

2）在尺寸界线之间绘制尺寸线。选中此复选框，则在尺寸界线之间始终会绘制尺寸线。

5. "主单位"选项卡

"主单位"选项卡用于设置主标注单位的格式和精度及标注文字的前缀和后缀，如图4-106所示。

（1）"线性标注"选项组。用于设置线性标注的格式和精度。各选项含义如下：

1）单位格式。设置除角度以外的所有标注类型的当前单位格式。其中的选项共有6项，分别为"科学""小数""工程""建筑""分数"和"Windows桌面"。

2）精度。显示和设置标注文字中的小数位数。

3）分数格式。设置分数的格式。

4）小数分隔符。设置十进制格式的分隔符。

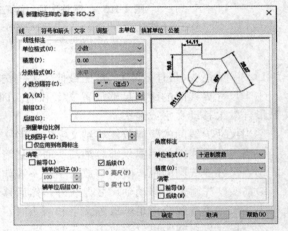

图4-106 "主单位"选项卡

5）舍入。为除角度外的所有标注类型设置标注测量的最近舍入值。如果输入"0.25"，则所有标注距离都以0.25为单位进行舍入；如果输入"1.0"，则所有标注距离都将舍入为最接近的整数。应注意的是，小数点后显示的位数取决于"精度"设置。

6）前缀。在标注文字中包含指定的前缀，可以输入文字或使用控制代码显示特殊符号。例如，输入控制代码"％％C"显示直径符号。

7）后缀。在标注文字中包含指定的后缀，可以输入文字或使用控制代码显示特殊符号。

如果用户使用了"前缀""后缀"这两个选项，则系统将给所有的尺寸文本都添加前缀或后缀，但实际上并不是所有的尺寸文字都需要相同的前缀或后缀。因此，一般情况下不要使用这两个文本框，而采用在具体标注时加入的方法为需要的尺寸文本添加前缀或后缀。

（2）"测量单位比例"选项组。用于设置测量线性尺寸时所采用的比例。

1）比例因子。设置线性标注测量值的比例因子，一般情况下不要更改此值的默认值1。另外，该值既不会应用到角度标注，也不会应用到舍入值或正公差值。

2）仅应用到布局标注。选中该复选框，则仅将测量比例因子应用于在布局视口中创建的标注。除非使用非关联标注，否则该设置应保持取消选中状态。

（3）"消零"选项组。用来控制不输出前导零、后续零及零英尺、零英寸部分，即在标注文字中不显示前导零、后续零及零英尺、零英寸部分。

1）前导。选中该复选框，则不输出所有十进制标注中的前导零。如 0.500 0 变为.500 0。

2）后续。选中该复选框，则不输出所有十进制标注中的后续零。例如，12.500 0 变成 12.5，30.000 0 变成 30。

（4）"角度标注"选项组。该选项组用于设置角度标注的当前标注格式。

1）单位格式。该下拉列表框用于设置角度单位格式。

2）精度。该下拉列表框用于设置角度标注的小数位数。

6."换算单位"选项卡

"换算单位"选项卡用来设置标注测量值中换算单位的显示并设置其格式和精度，如图 4-107 所示。此选项卡只有在选中"显示换算单位"复选框后才能进行设置。

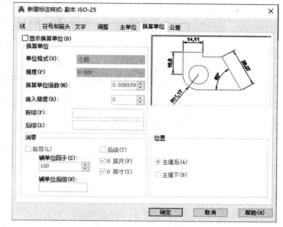

（1）"换算单位"选项组。用于显示和设置角度标注的当前格式。其中"单位格式""精度""舍入精度"的设置与"主单位"的设置相同。

1）换算单位倍数。设置换算单位之间的比例，用户可以指定一个乘数作为主单位和换算单位之间的换算因子使用。此值对角度标注没有影响，而且也不会应用于舍入值或正、负公差值。

2）前缀。在此文本框中用户可以为尺寸

图 4-107　"换算单位"选项卡

换算单位输入一定的前缀，可以输入文字或使用控制代码显示特殊符号。如图 4-108 所示，在"前缀"文本框中输入"％％C"后，换算单位前就加上表示直径的前缀"φ"号。

3）后缀。在此文本框中，用户可以为尺寸换算单位输入一定的后缀，可以输入文字或使用控制代码显示特殊符号。如图 4-109 所示，在"后缀"文本框中输入"cm"后，换算单位后就加上后缀 cm。

图 4-108　加入前缀的
换算单位示意图

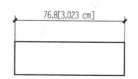

图 4-109　加入后缀的
换算单位示意图

（2）"消零"选项组。该选项组用于控制前导零和后续零，以及零英尺和零英寸里的可见性。此选项组与"主单位"选项卡的设置相同。

（3）"位置"选项组。用于设置标注文字中换算单位的放置位置。

1）主值后。选中此单选按钮表示将换算单位放在标注文字中的主单位之后。

2) 主值下。选中此单选按钮表示将换算单位放在标注文字中的主单位下面。

图 4-110 所示为换算单位放置在主单位之后和主单位下面的尺寸标注对比。

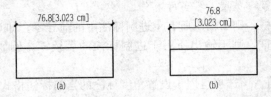

图 4-110 换算单位放置在主单位之后和主单位下面的尺寸标注

（a）将换算单位放置在主单位之后的尺寸标注；（b）将换算单位放置在主单位下面的尺寸标注

7. "公差"选项卡

"公差"选项卡用来设置标注文字中公差的显示及格式，如图 4-111 所示。

二、标注尺寸

正确地进行尺寸标注是设计绘图工作中非常重要的一个环节，AutoCAD 2020 提供了方便快捷的尺寸标注方法，可通过在命令行输入命令实现，也可在功能区单击相应按钮或在菜单栏选择菜单命令实现，如图 4-112 所示。

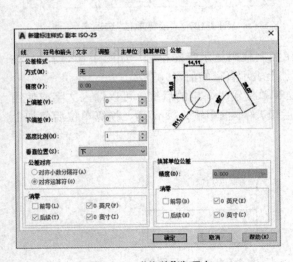

图 4-111 "公差"选项卡

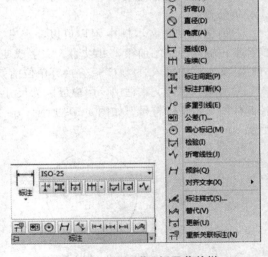

图 4-112 "标注"面板及菜单栏

(一)线性尺寸标注

线性尺寸标注用来标注图形的水平尺寸和垂直尺寸。

1. 执行方式

(1)在菜单栏中选择"标注"→"线性"命令。

（2）在"标注"工具栏中单击"线性"按钮 ⊞ 。

（3）在功能区"注释"选项卡"标注"面板，或功能区"默认"选项卡"注释"面板中单击"线性"按钮 ⊞ 。

（4）在命令行中输入"DIMLINEAR"后按"Enter"键。

2. 操作格式

按上述任意一种方式操作后，命令行的提示如下：

命令： _ dimlinear

指定第一个尺寸界线原点或〈选择对象〉：↙

按"Enter"键选择要标注的对象，或者指定第一条尺寸界线的原点后，命令行提示如下：

指定第二条尺寸界线原点：↙   (指定第二条尺寸界线原点)

指定尺寸线位置或

[多行文字(M)/文字(T)/角度(A)/水平(H)/垂直(V)/旋转(R)]：

在指定尺寸线位置之前，可以对文字、文字角度、尺寸线角度和指示标注方向等进行编辑。当指定尺寸线位置后，系统自动测量出两条尺寸界线起始点间的相应距离并标注出尺寸，如图 4-113 所示。

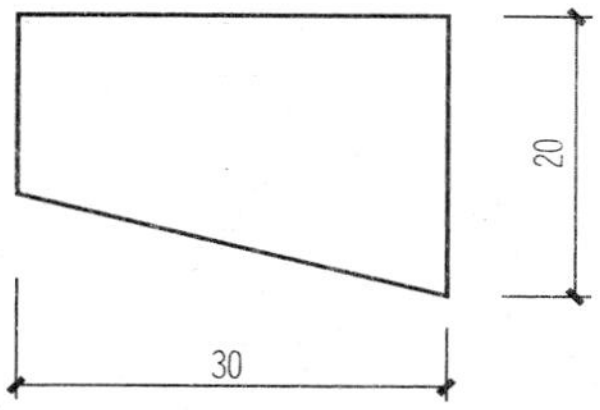

（二）对齐尺寸标注

对齐尺寸标注是指标注两点之间的距离，标注的尺寸线平行于两点间的连线。

图 4-113   线性尺寸标注

1. 执行方式

（1）在菜单栏中选择"标注"→"对齐"命令。

（2）在"标注"工具栏中单击"对齐"按钮 ⬉ 。

（3）在功能区"注释"选项卡"标注"面板，或功能区"默认"选项卡"注释"面板中单击"对齐"按钮 ⬉ 。

（4）在命令行中输入"DIMALIGNED"后按"Enter"键。

2. 操作格式

按上述任意一种方式操作后，命令行的提示如下：

命令：DIMALIGNED

指定第一个尺寸界线原点或〈选择对象〉：↙

按"Enter"键选择要标注的对象，或者指定第一条尺寸界线的原点后，命令行提示如下：

指定第二条尺寸界线原点：↙

指定尺寸线位置或

[多行文字(M)/文字(T)/角度(A)]：

在指定尺寸线位置之前，可以编辑文字或修改文字角度。当指定尺寸线位置后，系统自动测量出两点间的距离并标注出尺寸，如图 4-114 所示。

（三）弧长尺寸标注

用于标注圆弧线段或多段线圆弧段的长度。

1. 执行方式

（1）在菜单栏中选择"标注"→"弧长"命令。

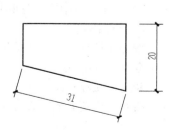

图 4-114   对齐尺寸标注

（2）在"标注"工具栏中单击"弧长"按钮◢。

（3）在功能区"注释"选项卡"标注"面板，或功能区"默认"选项卡"注释"面板中单击"弧长"按钮◢。

（4）在命令行中输入"DIMARC"后按"Enter"键。

2. 操作格式

按上述任意一种方式操作后，命令行提示如下：

命令：_dimarc

选择弧线段或多段线圆弧段：↙　　　　（选择要标注的弧线段或多段线圆弧段）

指定弧长标注位置或［多行文字(M)/文字(T)/角度(A)/部分(P)/］：

在指定尺寸线位置之前，可以对文字、文字角度、弧长标注的长度等进行编辑。当指定尺寸线位置后，系统自动测量出要标注的圆弧或多段线圆弧段的距离并标注出尺寸，如图 4-115 所示。

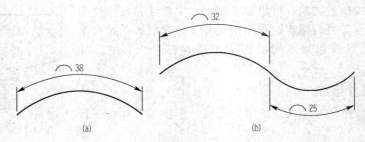

图 4-115　弧长尺寸标注
(a)圆弧；(b)多段线圆弧段

（四）坐标尺寸标注

用来标注特征点到用户坐标系（UCS）原点（称为基准）的坐标方向距离。坐标尺寸标注由 X 或 Y 值和引线组成。X 基准坐标标注沿 X 轴测量特征点与基准点的距离，Y 基准坐标标注沿 Y 轴测量特征点与基准点的距离。在创建坐标尺寸标注之前，通常要设置合适的 UCS 原点，使之与要求的基准相符。

1. 执行方式

（1）在菜单栏中选择"标注"→"坐标"命令。

（2）在"标注"工具栏中单击"坐标"按钮🏣。

（3）在功能区"注释"选项卡"标注"面板，或功能区"默认"选项卡"注释"面板中单击"坐标"按钮🏣。

（4）在命令行中输入"DIMORDINATE"后按"Enter"键。

2. 操作格式

按上述任意一种方式操作后，命令行提示如下：

命令：_dimordinate

指定点坐标：↙　　　　（提示部件上的点，如端点、交点或对象的中心点）

指定引线端点或［X基准(X)/Y基准(Y)/多行文字(M)/文字(T)/角度(A)］：↙

　　　　　　　　　　（指定引线的端点，或选择其他选项编辑标注文字的内容）

标注时，系统将根据点坐标和引线端点的坐标差确定是 X 坐标标注还是 Y 坐标标注。如果

Y 坐标的坐标差较大，标注就测量 X 坐标，否则就测量 Y 坐标。坐标尺寸标注的结果如图 4-116 所示。

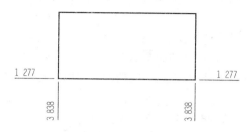

图 4-116　坐标尺寸标注

(五)半径/直径尺寸标注

用于标注圆及圆弧的半径或直径尺寸。

1. 执行方式

(1)在菜单栏中选择"标注"→"半径"或"直径"命令。

(2)在"标注"工具栏中单击"半径"按钮 或"直径"按钮 。

(3)在功能区"注释"选项卡"标注"面板，或功能区"默认"选项卡"注释"面板中单击"半径"按钮 或"直径"按钮 。

(4)在命令行中输入"DIMRADIUS"(半径)或"DIMDIAMETER"(直径)后按"Enter"键。

2. 操作格式

(1)半径标注。按上述方式操作后，命令行提示如下：

命令：_ dimradius

选择圆弧或圆：↙　　　　(选择要标注的圆弧、圆或多段线圆弧段)

标注文字= 13

指定尺寸线位置或[多行文字(M)/文字(T)/角度(A)]：↙

　　　　　　　　　(指定尺寸线位置，或选择其他选项编辑标注文字的内容)

(2)直径标注。按上述方式操作后，命令行提示如下：

命令：_ dimdiameter

选择圆弧或圆：↙　　　　(选择要标注的圆弧或圆)

标注文字= 26

指定尺寸线位置或[多行文字(M)/文字(T)/角度(A)]：↙

　　　　　　　　　(指定尺寸线位置，或选择其他选项编辑标注文字的内容)

(3)半径/直径尺寸标注的结果如图 4-117 所示。

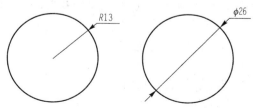

图 4-117　半径/直径尺寸标注

(六)折弯标注

当圆弧或圆的圆心位于图形边界之外时，可以使用折弯标注其半径。

1. 执行方式

(1)在菜单栏中选择"标注"→"折弯"命令。

(2)在"标注"工具栏中单击"折弯"按钮 。

(3)在功能区"注释"选项卡"标注"面板，或功能区"默认"选项卡"注释"面板中单击"折弯"按钮 。

(4)在命令行中输入"DIMJOGGED"后按"Enter"键。

2. 操作格式

按上述任意一种方式操作后，命令行提示如下：

命令： _ dimjogged

选择圆弧或圆：✓　　　(指定圆、圆弧或多段线上的圆弧段)

指定图示中心位置：✓　(指定折弯半径标注的新圆心，以用于替代圆弧或圆的实际圆心)

标注文字= 25

指定尺寸线位置或[多行文字(M)/文字(T)/角度(A)]：✓

　　　　　　　　　　(确定尺寸线的角度和标注文字的位置)

指定折弯位置：✓　　　(指定折弯位置)

折弯标注的结果如图 4-118 所示。

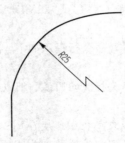

图 4-118　折弯标注

(七)角度标注

用来标注两条不平行线的夹角或圆弧的夹角。

1. 执行方式

(1)在菜单栏中选择"标注"→"角度"命令。

(2)在"标注"工具栏中单击"角度"按钮 。

(3)在功能区"注释"选项卡"标注"面板，或功能区"默认"选项卡"注释"面板中单击"角度"按钮 。

(4)在命令行中输入"DIMANGULAR"后按"Enter"键。

2. 操作格式

按上述任意一种方式操作后，命令行提示如下：

命令： _ dimangular

选择圆弧、圆、直线或〈指定顶点〉：✓

此时，若选择圆弧，则圆弧的圆心为角度的顶点，圆弧端点成为尺寸界线的原点，在尺寸界线之间绘制一条圆弧作为尺寸线，尺寸界线从角度端点绘制到尺寸线交点；若选择圆，则将选择点作为第一条尺寸界线的原点，圆的圆心是角度的顶点，同时，系统提示"指定角的第二个端点"；若选择直线，则将使用两条直线或多段线线段定义角度，同时，系统提示"选择第二条直线"；若直接按"Enter"键或"Space"键，则系统提示如下：

指定角的顶点：✓

指定角的第一个端点：✓

指定角的第二个端点：✓

按上述方法选择圆弧、圆、直线或指定三点后，命令行继续提示如下：

指定标注弧线位置或[多行文字(M)/文字(T)/角度(A)/象限点(Q)]：

在指定尺寸线圆弧的位置之前，可以编辑标注文字、自定义标注文字、修改标注文字的角度以及指定标注应锁定到的象限。打开象限后，将标注文字放置在角度标注外时，尺寸线会延伸超过尺寸界线。

角度标注的效果如图 4-119 所示。

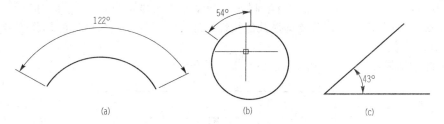

图 4-119　角度标注

(a)弧的夹角；(b)圆上弧的夹角；(c)直线间的夹角

(八)连续标注

连续标注是从上一个标注或选定标注的第二条延伸线处创建多个首尾相连的线性标注、角度标注或坐标标注。

1. 执行方式

(1)在菜单栏中选择"标注"→"连续"命令。

(2)在"标注"工具栏中单击"连续"按钮 ⊞。

(3)在功能区"注释"选项卡"标注"面板中单击"连续"按钮 ⊞。

(4)在命令行中输入"DIMCONTINUE"后按"Enter"键。

2. 操作格式

按上述任意一种方式操作后，命令行提示如下：

命令：_ dimcontinue

指定第二条尺寸界线原点或[放弃(U)/选择(S)]〈选择〉：✓

标注文字= 12

指定第二条尺寸界线原点或[放弃(U)/选择(S)]〈选择〉：✓

标注文字= 13

指定第二条尺寸界线原点或[放弃(U)/选择(S)]〈选择〉：✓

标注文字= 12

指定第二条尺寸界线原点或[放弃(U)/选择(S)]〈选择〉：✓

标注文字= 12

指定第二条尺寸界线原点或[放弃(U)/选择(S)]〈选择〉：✓

标注文字= 10

指定第二条尺寸界线原点或[放弃(U)/选择(S)]〈选择〉：✓

标注文字= 13

指定第二条尺寸界线原点或[放弃(U)/选择(S)]〈选择〉✓

默认情况下，连续标注的标注样式从上一个标注或选定标注继承。如果当前任务中未创建任何标注，将提示用户选择线性标注、坐标标注或角度标注，以用作连续标注的基准。

如果基准标注是线性标注或角度标注，命令行将显示上述提示，并使用连续标注的第二条尺寸界线原点作为下一个标注的第一条尺寸界线原点。选择连续标注后，将再次显示"指定第二条尺寸界线原点"提示。若要结束此命令，则按"Esc"键；若要选择其他线性标注、坐标标注或角度标注用作连续标注的基准，则按"Enter"键。

如果基准标注是坐标标注，命令行将显示"指定点坐标"提示，并使用基准标注的端点作为连续标注的端点。选择点坐标之后，将绘制连续标注并再次显示"指定点坐标"提示。同样，若要结束此命令，则按"Esc"键；若要选择其他线性标注、坐标标注或角度标注用作连续标注的基准，则按"Enter"键。

连续标注的结果如图 4-120 所示。

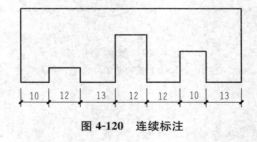

图 4-120　连续标注

(九)基线标注

基线标注是从上一个标注或选定标注的基线处创建线性标注、角度标注或坐标标注。

1. 执行方式

(1)在菜单栏中选择"标注"→"基线"命令。

(2)在"标注"工具栏中单击"基线"按钮 🎛。

(3)在功能区"注释"选项卡"标注"面板中单击"基线"按钮 🎛。

(4)在命令行中输入"DIMBASELINE"后按"Enter"键。

2. 操作格式

按上述任意一种方式操作后，命令行提示如下：

命令：_ dimbaseline

选择基准标注：✓

指定线性标注、坐标标注或角度标注，否则程序将跳过该提示，并使用上次在当前任务中创建的标注对象。默认情况下，使用基准标注的第一条尺寸界线作为基线标注的尺寸界线原点。用户可以通过选择基准标注来替换默认情况，这时，作为基准的尺寸界线是离选择拾取点最近的基准标注的尺寸界线。命令行继续提示如下：

指定第二条尺寸界线原点或[放弃(U)/选择(S)]〈选择〉：↙

标注文字= 22

指定第二条尺寸界线原点或[放弃(U)/选择(S)]〈选择〉：↙

标注文字= 34

指定第二条尺寸界线原点或[放弃(U)/选择(S)]〈选择〉：↙

标注文字= 46

指定第二条尺寸界线原点或[放弃(U)/选择(S)]〈选择〉：↙

标注文字= 58

指定第二条尺寸界线原点或[放弃(U)/选择(S)]〈选择〉：↙

标注文字= 67

指定第二条尺寸界线原点或[放弃(U)/选择(S)]〈选择〉：

标注文字= 80

指定第二条尺寸界线原点或[放弃(U)/选择(S)]〈选择〉：

　　默认情况下，基线标注的标注样式是从上一个标注或选定标注继承的。如果基准标注是坐标标注，命令行将显示"指定点坐标"提示，并使用基准标注的端点作为连续标注的端点。选择点坐标之后，将绘制连续标注并再次显示"指定点坐标"提示。

　　基线标注的结果如图4-121所示。

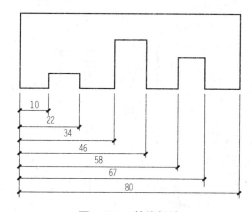

图4-121　基线标注

(十)标注间距

用于自动调整图形中现有的平行线性标注和角度标注，以使其间距相等或在尺寸线处相互对齐。

1. 执行方式

(1)在菜单栏中选择"标注"→"标注间距"命令。

(2)在"标注"工具栏中单击"标注间距"按钮📐。

(3)在功能区"注释"选项卡"标注"面板中单击"标注间距"按钮📐。

(4)在命令行中输入"DIMSPACE"后按"Enter"键。

2. 操作格式

按上述任意一种方式操作后，命令行提示如下：

命令：_ DIMSPACE

选择基准标注：⤶   (指定平行线性标注或角度标注，将根据该标注间隔放置其他对象)

选择要产生间距的标注：找到 1 个   (选择要产生间距的一个标注)

选择要产生间距的标注：找到 1 个，总计 2 个   (继续选择标注)

选择要产生间距的标注：⤶   (按"Enter"键结束选择)

输入值或[自动(A)]〈自动〉：⤶   (输入间距值，或输入"A"并按"Enter"键，则选择"自动"选项)

若输入间距值，则在选定的标注间应用间距距离。若输入"2.5"，则所有标注将以 2.5 的距离隔开，如图 4-122(b)所示；若输入"0"，则选定的线性标注和角度标注的标注线末端对齐，如图 4-122(c)所示。

若输入"A"并按"Enter"键，则选择"自动"选项，将基于在选定基准标注的标注样式中指定的文字高度自动计算间距，所得的间距距离是标注文字高度的两倍，如图 4-122(d)所示。

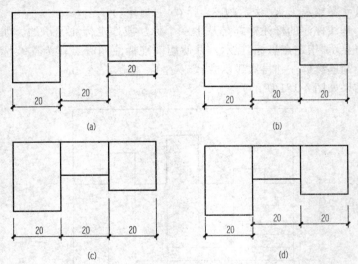

图 4-122 标注间距

(a)间距不等的标注；(b)输入间距值时的标注；
(c)间距值为 0 的标注；(d)选择"自动"选项的标注

(十一)标注打断

在标注和尺寸界线与其他对象的相交处打断或恢复标注和尺寸界线，可以将折断标注添加到线性标注、角度标注和坐标标注等中，如图 4-123 所示。

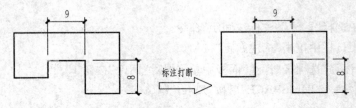

图 4-123 标注打断

标注打断可通过下列方式实现：

（1）在菜单栏中选择"标注"→"标注打断"命令。

（2）在"标注"工具栏中单击"标注打断"按钮 。

（3）在功能区"注释"选项卡"标注"面板中单击"标注打断"按钮 。

（4）在命令行中输入"DIMBREAK"后按"Enter"键。

（十二）多重引线标注

多重引线标注方式是使引线与说明的文字一起标注，如图 4-124 所示。多重引线对象通常包含箭头、水平基线、引线或曲线和多行文字对象或块。多重引线可创建为箭头优先、引线基线优先或内容优先。如果已使用多重引线样式，则可以从该指定样式创建多重引线。

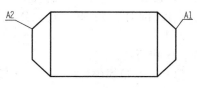

图 4-124　多重引线

AutoCAD 2020 提供了一个实用的"多重引线"工具栏，如图 4-125 所示。多重引线绘制与操作大多可通过"多重引线"工具栏来实现。如果功能区处于活动状态，用户也可以从功能区"注释"选项卡"引线"面板（图 4-126）中单击多重引线的相关按钮进行绘制。

图 4-125　"多重引线"工具栏　　　　图 4-126　"引线"面板

用户在创建多重引线之前，应先根据需要设置多重引线样式。要设置多重引线样式，可在菜单栏中选择"格式"→"多重引线样式"命令，或在功能区"注释"选项卡"引线"面板中单击"多重引线样式管理器"按钮 ，或在"多重引线"工具栏中单击"多重引线样式"按钮 ，系统将弹出如图 4-127 所示的"多重引线样式管理器"对话框。用户利用该对话框可以创建、修改、删除和重置多重引线样式。

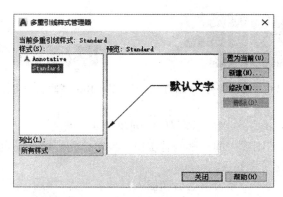

图 4-127　"多重引线样式管理器"对话框

创建多重引线对象可以通过下列几种方式实现：

（1）在菜单栏中选择"标注"→"多重引线"命令。

(2)在"多重引线"工具栏中单击"多重引线"按钮 ╱°。

(3)在功能区"注释"选项卡"引线"面板，或在功能区"默认"选项卡"注释"面板中单击"多重引线"按钮 ╱°。

(4)在命令行中输入"MLEADER"后按"Enter"键。

(十三)形位公差标注

形位公差标注用于控制机械零件的实际尺寸（如位置、形状、方向和定位尺寸等）与零件理想尺寸之间的允许差值。形位公差的大小直接关系零件的使用性能，在机械图形中有非常重要的作用。

1. 执行方式

(1)在菜单栏中选择"标注"→"公差"命令。

(2)在"标注"工具栏中单击"公差"按钮 ▣。

(3)在功能区"注释"选项卡"引线"面板中单击"公差"按钮 ▣。

(4)在命令行中输入"TOLERANCE"后按"Enter"键。

2. 操作格式

按上述任意一种方式操作后，系统弹出如图4-128所示的"形位公差"对话框，各选项含义如下：

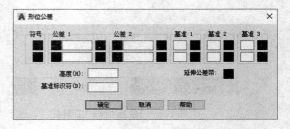

图4-128 "形位公差"对话框

(1)符号。显示几何特征符号，用来区分所标注的公差类型。单击图中黑色方框，将弹出如图4-129所示的"特征符号"对话框，用户可在此对话框中选取公差符号。

(2)公差1/公差2。用于输入具体的公差值。其中，单击第一个框将在公差值前面插入直径符号；单击第二个框创建公差值（在框中输入值）；单击第三个框显示如图4-130所示的"附加符号"对话框，从中选择修饰符号。这些符号可以作为几何特征和大小可改变的特征公差值的修饰符。

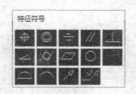

图4-129 "特征符号"对话框

图4-130 "附加符号"对话框

(3)基准1/基准2/基准3。在特征控制框中创建基准参照。

(4)高度。创建特征控制框中的投影公差零值。投影公差带控制固定垂直部分延伸区的高度变化，并以位置公差控制公差精度。

(5)延伸公差带。在延伸公差带值的后面插入延伸公差带符号。

(6)基准标识符。创建由参照字母组成的基准标识符。基准是理论上精确的几何参照，用于建立其他特征的位置和公差带。点、直线、平面、圆柱或其他几何图形都能作为基准。

(十四)圆心标记

用于标注圆或圆弧的中心。圆心标记的方法比较简单，可通过下述几种方法来创建：

(1)在菜单栏中选择"标注"→"圆心标记"命令。

(2)在"标注"工具栏中单击"圆心标记"按钮⊙。

(3)在功能区"注释"选项卡"引线"面板中单击"圆心标记"按钮⊙。

(4)在命令行中输入"DIMCENTER"后按"Enter"键。

创建圆心标记后的结果如图4-131所示。

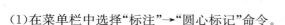

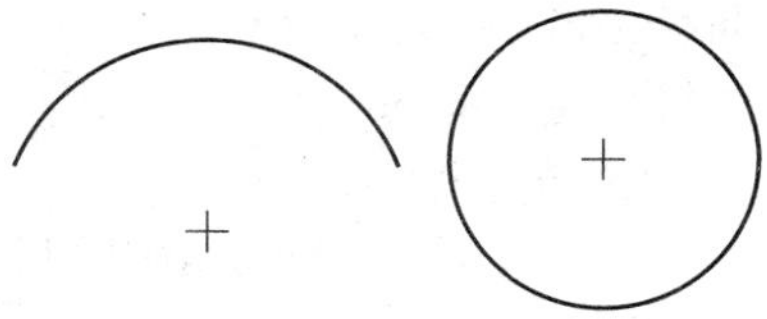

图4-131　圆心标记

(十五)快速标注

用于快速创建成组的基线、连续和坐标尺寸标注，对所选中的几何体进行一次性标注。

1. 执行方式

(1)在菜单栏中选择"标注"→"快速标注"命令。

(2)在"标注"工具栏中单击"快速标注"按钮。

(3)在功能区"注释"选项卡"标注"面板中单击"快速标注"按钮。

(4)在命令行中输入"QDIM"后按"Enter"键。

2. 操作格式

按上述任意一种方式操作后，命令行提示如下：

命令：_ qdim

关联标注优先级＝端点

选择要标注的几何图形：找到1个✔　　　(选择需要标注的几何图形)

选择要标注的几何图形：✔　　　　　　　(按"Enter"键结束选择)

指定尺寸线位置或[连续(C)/并列(S)/基线(B)/坐标(O)/半径(R)/直径(D)/基准点(P)/编辑(E)/设置(T)]〈连续〉：　　　　(指定尺寸线位置，或选择其他选项)

快速标注各选项的含义如下：

(1)"连续(C)"。创建一系列连续标注，其中线性标注线端对端地沿同一条直线排列。

(2)"并列(S)"。创建一系列并列标注，其中线性尺寸线以恒定的增量相互偏移。

(3)"基线(B)"。创建一系列基线标注，其中线性标注共享一条公用尺寸界线。

(4)"坐标(O)"。创建一系列坐标标注，其中元素将以单个尺寸界线及 X 或 Y 值进行注释，相对于基准点进行测量。

(5)"半径(R)"。创建一系列半径标注，其中将显示选定圆弧和圆的半径值。

(6)"直径(D)"。创建一系列直径标注，其中将显示选定圆弧和圆的直径值。

(7)"基准点(P)"。为基线和坐标标注设置新的基准点。

(8)"编辑(E)"。在生成标注之前，删除出于各种考虑而选定的点位置。

(9)"设置(T)"。为指定尺寸界线原点(交点或端点)设置对象捕捉优先级。

快速标注的结果如图4-132所示。

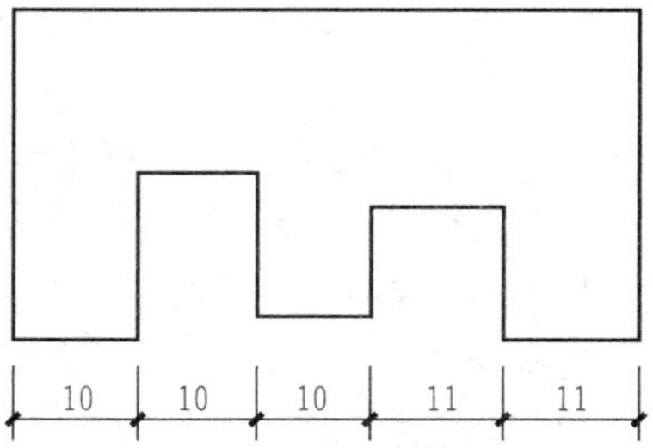

图4-132　快速标注

三、引线标注

AutoCAD提供引线标注功能，利用该功能不仅可以标注特定的尺寸，如圆角、倒角等，还可以在图中添加多行旁注、说明。在引线标注中，指引线可以是折线，也可以是曲线；指引线段端部可以有箭头，也可以没有箭头。

(一)一般引线标注

利用"LEADER"命令可以创建灵活多样的引线标注形式，可以根据需要将指引线设为折线或曲线。指引线可带箭头，也可不带箭头；注释可以是单行或多行文字，也可以是包含形位公差的特征控制框或块。

1. 执行方式

在命令行中输入"LEADER"后按"Enter"键。

2. 操作步骤

命令：LEADER

指定引线起点：   (输入指引线的起始点)

指定下一点：   (输入指引线的另一点)

指定下一点或[注释(A)/格式(F)/放弃(U)]〈注释〉：

3. 选项说明

(1)指定下一点。直接输入一点，AutoCAD 根据前面的点画出折线作为指引线。

(2)注释。输入注释文本，为默认项。在上面提示下直接按"Enter"键，AutoCAD 提示：

输入注释文字的第一行或〈选项〉：

1)输入注释文字：在此提示下输入第一行文本后按"Enter"键，用户可继续输入第二行文本，如此反复执行，直接输入全部注释文本，然后再次在提示下直接按"Enter"键，AutoCAD 会在指引线终端标注出所输入的文本，并结束"LEADER"命令。

2)直接按"Enter"键：如果在上面的提示下直接按"Enter"键，AutoCAD 提示：

输入注释选项[公差(T)/副本(C)/块(B)/无(N)/多行文字(M)]〈多行文字〉：

①公差(T)：标注形位公差。

②副本(C)：将已由"LEADER"命令创建的注释复制到当前指引线的末端。选择该选项，AutoCAD 提示如下：

选择要复制的对象：

③块(B)：插入块，将已经定义好的图块插入指引线末端。选择该选项，系统提示如下：

输入块名或[?]：

在此提示下输入一个已定义好的图块名，AutoCAD 将该图块插入指引线的末端，或输入"?"列出当前已有图块，用户可从中选择。

④无(N)：不进行注释，没有注释文本。

⑤多行文字(M)：用多行文字编辑器标注注释文本并定制文本格式，为默认选项。

(3)格式(F)。确定指引线的形式。选择该选项，AutoCAD 提示：

输入引线格式选项[样条曲线(S)/直线(ST)/箭头(A)/无(N)]〈退出〉：

选择指引线形式，或直接按"Enter"键回到上一级提示。

1)样条曲线(S)：设置指引线为样条曲线。

2)直线(ST)：设置指引线为折线。

3)箭头(A)：在指引线的起始位置画箭头。

4)无(N)：在指引线的起始位置不画箭头。

5)〈退出〉：此项为默认选项，选择该项退出"格式"选项，返回"指定下一点或[注释(A)/格式(F)/放弃(U)]〈注释〉："提示，并且指引线形式按默认方式设置。

(二)快速引线标注

利用"QLEADER"命令可快速生成指引线及注释，而且可以通过"命令行优化"对话框进行用户自定义，由此可以消除不必要的命令行提示，取得更高的工作效率。

1. 执行方式

在命令行输入"QLEADER"后按"Enter"键。

2. 操作步骤

命令：QLEADER

指定第一个引线点或[设置(S)]〈设置〉：

3. 选项说明

(1)指定第一个引线点。在上面的提示下确定一点作为指引线的第一点。

(2)设置。在上面提示下直接按"Enter"键或输入"S"，系统弹出"引线设置"对话框，允许对引线标注进行设置。该对话框包含"注释""引线和箭头""附着"三个选项卡。

1)"注释"选项卡，如图 4-133 所示，用于设置引线标注中注释文本的类型、多行文本的格式并确定注释文本是否多次使用。

2)"引线和箭头"选项卡，如图 4-134 所示，用来设置引线标注中指引线和箭头的形式。其中，"点数"选项组设置执行"QLEADER"命令时 AutoCAD提示用户输入的点的数目。例如，设置点数为3，执行"QLEADER"命令时当用户在提示下指定 3 个点后，AutoCAD 自动提示用户输入注释文本。注意设置的点数要比用户希望的指引线的段数多 1 个。可利用微调框进行设置，如果选中"无限制"复选框，

图 4-133 "注释"选项卡

AutoCAD 会一直提示用户输入点，直到连续按"Enter"键两次为止。"角度约束"选项组设置第一段和第二段指引线的角度约束。

3)"附着"选项卡，如图 4-135 所示，设置注释文本和指引线的相对位置，如果最后一段指引线指向右边，则 AutoCAD 自动将注释文本放在右侧；如果最后一段指引线指向左边，则 Auto-CAD 自动把注释文本放在左侧。利用本页左侧和右侧的单选按钮分别设置位于左侧和右侧的注释文本与最后一段指引线的相对位置，二者可相同，也可不相同。

图 4-134 "引线和箭头"选项卡

图 4-135 "附着"选项卡

第六节　上机操作

【实训】　创建表格"次梁的受弯承载力及配筋计算"。

使用建立的表格样式，创建如表4-4所示的表格，具体操作步骤如下：

（1）在命令行输入"TABLESTYLE"后按"Enter"键，系统弹出"表格样式"对话框。

（2）单击"新建"按钮，弹出"创建新的表格样式"对话框，在"新样式名"文本框中输入"表格样式1"。

（3）单击"继续"按钮，弹出"新建表格样式"对话框，设置"常规""文字""边框"选项卡后，单击"确定"按钮，回到"表格样式"对话框，单击"置为当前"按钮，单击"关闭"按钮。

（4）在命令行输入"TABLE"后按"Enter"键，弹出"插入表格"对话框，在"表格样式"下拉列表框中选择"表格样式1"，设置"列数""列宽""数据行数""行高"等选项后，单击"确定"按钮。

（5）单击"确定"按钮后，命令行提示："指定插入点："，在绘图区单击一点作为表格的放置点，拾取一点后，在绘图区放置一空白表格，同时，光标定位在单元格内，按"Enter"键定位在其他单元格输入表格内容。

表 4-4　次梁的受弯承载力及配筋计算

截面	端支座	边跨支座	离端第二支座	中间支座	中间跨跨中
弯矩系数	$-1/24$	$1/16$	-0.09	$-1/14$	$1/16$
$M/(\text{kN} \cdot \text{m})$	-35.80	61.38	-78.12	-61.38	53.71
受压区高度 x/mm	36.08	6.18	84.65	64.5	5.40
A_s/mm^2	286.0	471.1	672.50	512.4	411.8
选配	$2\Phi14$	$2\Phi18$	$2\Phi18+\Phi14$	$2\Phi18$	$2\Phi16$
实际 A_s/mm^2	308	509	662.90	509	402
$b \times h/(\text{mm} \times \text{mm})$	200×365	$1\,920 \times 365$	200×365	200×365	$1\,920 \times 365$

本章小结

本章主要介绍了基本编辑工具、扩展编辑工具、对象编辑、文本与表格编辑和尺寸标注编辑等内容。

1. 基本编辑工具包括删除、复制、镜像、偏移等多种操作，利用"复制"命令复制对象时，使用"对象捕捉"模式来准确定位比较方便。对有规律地大量复制对象，可以用"阵列"命令来实现；无规律地大量复制对象，可用"复制"命令来实现。

2. 扩展编辑工具包括拉伸、拉长、修剪等多种操作，在延伸对象时，如果将线性尺寸也进行延伸，则尺寸会自动修正。在延伸过程中，可随时使用"放弃"选项取消上一次的延伸操作。

3. 文字是工程图中必不可少的内容。AutoCAD 2020 提供了用于标注文字的"TEXT"命令和"MTEXT"命令。通过前面的介绍可以看出，由"MTEXT"命令引出的在位文字编辑器与一般文字编辑器有相似之处，不仅可用于输入要标注的文字，而且可以方便地进行各种标注设置、插入特殊符号等。同时，还能够随时设置所标注文字的格式，不再受当前文字样式的限制。因此，建议读者尽可能用"MTEXT"命令标注文字。

4. 利用 AutoCAD 2020 的表格功能。用于基于已有的表格样式，通过指定表格的相关参数（如行数、列数等）将表格插入图形中；通过快捷菜单编辑表格。插入表格时，如果当前已有的表格样式不符合要求，则应首先定义表格样式。

5. AutoCAD 2020 的尺寸标注分为线性标注、对齐标注、直径标注、半径标注、连续标注、基线标注和引线标注等多种类型。标注尺寸时，首先应清楚标注尺寸的类型，然后执行对应的命令，再根据提示操作。

思考与练习

1. 移动图形对象的执行方式有哪些？

2. 使用"偏移"命令时，用什么方式选择对象？

3. 什么是阵列对象？阵列可分为哪几种？

4. 拉伸对象和拉长对象有什么区别？

5. 如何将对象在一点处断开成两个对象？

6. 如何创建光顺曲线？

7. 如何创建符合制图标准的文字样式？

8. 单行文字命令和多行文字命令各有何特点？

9. 如何创建表格样式？

10. 一个完整的尺寸标注由哪几部分组成？

第五章 绘制建筑施工图

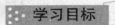

学习目标

通过对本章内容的学习，熟悉建筑平面图的图示内容、流程；立面图绘制的内容、流程；剖面图绘制的内容、流程。掌握建筑平面图、立面图、剖面图图形的绘制。

教学重点

1. 建筑平面图图形的绘制。
2. 建筑立面图图形的绘制。
3. 建筑剖面图中主要构件、配件的绘制。

第一节 绘制建筑平面图

建筑平面图是建筑施工图的基本样图，它是假想用一水平的剖切面沿门窗洞口位置将房屋剖切后，对剖切面以下部分所作的水平投影图。它反映出房屋的平面形状、大小和布置，墙、柱的位置、尺寸和材料，门窗的类型和位置等。

一、建筑平面图的图示内容

建筑施工图中的平面图一般有底层平面图(表示第一层房间的布置、建筑入口、门厅及楼梯等)、标准层平面图(表示中间各层的布置)、顶层平面图(房屋顶层的平面布置图)，以及屋顶平面图(即屋顶平面的水平投影，其比例尺一般比其他平面图要小)。建筑平面图应该严格按照国家制图标准表示出其尺寸和位置，具体内容如下。

1. 房屋建筑平面形状及平面房间布局

房屋建筑平面形状，如点式住宅为正方形、条式建筑为矩形，有的公共建筑是圆形、多边形、半圆形等。

平面房间布局，如住宅建筑中客厅、主卧、次卧、卫生间、厨房等，办公楼的办公室、小型会议室、大型会议室、会客室、接待室、卫生间等的布局，并注明各房间的使用面积。

2. 水平及竖向交通状况

水平交通：门、门厅、过厅、走廊、过道等。

竖向交通：楼梯间位置(楼梯平面布置、踏步、楼梯平台)、高层建筑电梯间的平面位置等。对于有特殊要求的建筑，竖向交通设施为坡道或爬梯。

3. 门窗洞口的位置、大小、形式及编号

通过平面图中所标注的细部尺寸可知道门窗洞口的位置及大小，门的形式可以通过图例表示，如单扇平开门、双扇双开平开门、弹簧门等。

4. 建筑构配件尺寸、材料

墙、柱、壁柱、卫生器具等。

5. 定位轴线及编号

定位轴线及编号包括纵轴线、横轴线、附加轴线及其对应的轴线编号，它们是定位的主要依据。

6. 室内外地面标高

在底层平面图中，标注室外地面、室内地面标高；在其他层平面图中，标注各层楼地面及与主要地面标高不同的地面标高。

7. 室外构配件

在底层平面图中，包括与本房屋有关的台阶、花池、散水、勒脚、排水沟等的投影。

在二层平面图中，除应画出房屋二层范围的投影内容外，还应画出底层平面图中无法表达的雨篷、阳台、窗楣等内容。

三层以上的平面图则只需画出本层的投影内容及下一层的窗楣、阳台、雨篷等内容。

8. 综合反映其他各工种对土建的要求

包括如设备施工中给水排水管道、配电盘、暖通等对土建的要求，在墙、板上预留孔洞的位置及尺寸等。

9. 有关符号

剖面图的剖切符号：建筑剖面图的剖切符号标注在底层平面图中，包括剖面的编号及剖切位置。

详图索引符号：凡是在平面图中表达不清楚的地方，均要绘制放大比例的图样，在平面图中需要放大的部位绘出索引符号。

指北针或风向频率玫瑰图：主要绘制在底层平面图中。

10. 文字说明

凡是在平面图中无法用图线表达的内容，均需要用文字进行说明。

二、建筑平面图的绘图流程

(1)设置绘图环境；

(2)绘制轴线；

(3)开门、窗洞；

(4)绘制墙体；

(5)绘制柱子；

(6)绘制门、窗图形；

(7)绘制楼梯；

(8)标注尺寸、文本。

三、建筑平面图图形的绘制

(一)设置图形环境

1. 图形文件的新建

执行"文件"→"新建"命令或在命令行输入"NEW"后按"Enter"键,弹出"选择样板"对话框,如图 5-1 所示,选择"acadiso. dwt"样板文件,然后单击"打开"按钮,可以新建一个空白图形文件。最后执行"文件"→"保存"命令,输入"标准层平面图"进行文件的保存。

2. 设置绘图单位

执行下拉菜单栏"格式"→"单位"命令,或者在命令行输入"UN"(或"UNITS")后按"Enter"键,弹出"图形单位"对话框,如图 5-2 所示。将"长度"中的"类型"设为"小数","精度"设为"0",将"插入时的缩放单位"设为"毫米",其余保持默认设置不变,单击"确定"按钮,完成图形绘图单位的设定。

图 5-1 "选择样板"对话框 　　　　　　图 5-2 "图形单位"对话框

3. 绘图界限的设置

(1)执行菜单栏"格式"→"图形界限"命令或在命令行输入"LIMITS"进行图形界限的设置,设定屏幕左下角点为(0,0),右上角点为(59 400,42 000)。按照 A2 图幅进行设置。

(2)在命令行输入"Z"(或"ZOOM")进行图形缩放,输入"A"(或"ALL")显示所有视图。

4. 绘制图框

(1)执行"矩形"命令,指定第一个角点的绝对坐标为(0,0),指定另一个角点的绝对坐标为(59 400,42 000)。再次执行"矩形"命令,指定第一个角点的绝对坐标为(2 500,1 000),指定另一个角点的绝对坐标为(♯58 400,41 000)。

(2)执行"PEDIT"命令,选择刚才绘制的内部矩形,将"宽度"选项改为"100"。

(3)A2 图框绘制完毕。

(二)建立图层及相关设置

1. 建立图层

在命令行输入"LA"(或"LAYER"),按"Enter"键,弹出"图层特性管理器"对话框,再单击 按钮,列表框中显示名称为"图层 1"的图层,直接输入"建筑—平面—轴线",按"Enter"键结束。再次按"Enter"键,又开始创建新图层,按照表 5-1 总共创建 9 个图层(图层颜色也可自定)。

表 5-1　设置图层

层名	颜色	线型	线宽	备注
建筑—平面—轴线	红色	Center	默认	
建筑—平面—墙体	白色	Continuous	0.7	
建筑—平面—门窗	蓝色	Continuous	默认	
建筑—尺寸	绿色	Continuous	默认	
建筑—平面—阳台	黄色	Continuous	默认	
建筑—平面—楼梯	洋红色	Continuous	默认	
建筑—虚线	白色	Hidden	默认	
建筑—平面—细实线	绿色	Continuous	默认	绘制台阶、散水等
建筑—平面—文字	绿色	Continuous	默认	

2. 指定图层颜色

选中"建筑—平面—轴线"图层，单击与所选图层关联的颜色图标□ 白，弹出"选择颜色"对话框，选择红色，单击"确定"按钮，完成对"建筑—平面—轴线"图层颜色的指定。用同样的方法，可以设置其他图层的颜色。

3. 指定图层线型

(1)选中"建筑—平面—轴线"图层，单击与所选图层关联的线型图标 Contin…，弹出"选择线型"对话框，单击"加载"按钮，选择"Center"，单击"确定"按钮，再次选择"Center"，单击"确定"按钮，完成对"建筑—平面—轴线"图层线型的设定。

(2)选中"建筑—虚线"图层，单击与所选图层关联的线型图标 Contin…，打开"选择线型"对话框，单击"加载"按钮，选择"Hidden"，单击"确定"按钮，再次选择"Hidden"，单击"确定"按钮，完成对"建筑—虚线"图层线型的设定。

(3)其他图层线型采用默认设置。

4. 指定图层线宽

选中"建筑—平面—墙体"图层，单击与所选图层关联的线宽图标—— 默认，弹出"线宽"对话框，选择 0.70 mm，单击"确定"按钮，其他图层线宽采用默认设置。单击状态提示栏中的 按钮，使其变蓝激活，线宽显示处于打开状态，并不能影响线宽的打印。

创建图层和设置特性完成后，对话框如图 5-3 所示。

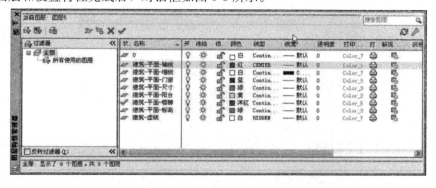

图 5-3　创建图层和设置特性

5. 指定线型比例

如果此时绘图会发现绘制的轴线不是点画线，故需要进行线型比例设置。

执行"格式"→"线型"命令，弹出"线型管理器"对话框，在对话框中将"全局比例因子"设为"50"，单击"确定"按钮关闭对话框。

(三)绘制轴线、轴线圈并编号

激活极轴追踪、对象捕捉、动态输入及对象捕捉追踪功能，设置极轴追踪角度增量为"90"，设置对象捕捉方式为"端点""中点""圆心""交点""垂足"，设置仅沿正交方向进行自动追踪。

1. 绘制轴线

(1)设置当前图层为"建筑—平面—轴线"，执行"直线(L)"命令绘制一条水平线和垂直线。

(2)执行"偏移(O)"命令进行偏移，将垂直线向右依次偏移2 200、1 300、2 200、800、2 800、1 300，将水平线向上依次偏移900、4 500、1 500、4 200、600，如图5-4所示。

2. 编辑轴线

(1)执行"拉伸(S)"命令对轴线进行整体拉伸，使其长短符合图纸要求。

(2)执行"修剪(TR)"命令对轴线进行修剪，结果如图5-5所示。

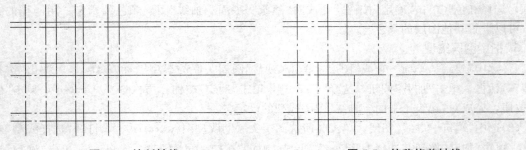

图 5-4　绘制轴线　　　　　　　　　　　　图 5-5　偏移修剪轴线

(四)绘制墙线

设置当前图层为"建筑—平面—墙体"。

1. 设定墙线样式

执行菜单栏"格式"→"多线样式"命令，设定墙体多线样式，仅勾选"封口"选项组中的"起点"和"端点"的"直线"复选框(图5-6)，其余选项保持默认设定，最后单击"置为当前"按钮进行确定。

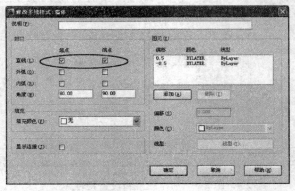

图 5-6　设定墙体多线样式

2. 绘制墙线

执行"多线（ML）"命令，设置"比例"为"240"，修改"对正"方式为"无"，通过捕捉轴线的交点绘制墙线，如图 5-7 所示。

如果有的墙体为 120 墙，则继续执行"多线（ML）"命令，设置"比例"为 120，设置"对正"方式为"无"，通过捕捉轴线的交点绘制墙线。

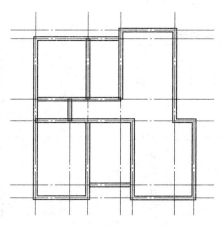

图 5-7　绘制墙体框线

3. 编辑墙体

(1)执行"MLEDIT"命令或执行"修改"→"对象"→"多线"命令，弹出如图 5-8 所示的"多线编辑工具"对话框，然后选择"T 形打开"选项，提示"选择第一条多线"时，选择 T 形交叉墙体的"非贯通段"，提示"选择第二条多线"时，再选择 T 形交叉墙体的"贯通段"，可以发现墙体进行了 T 形打开。继续选择这样的 T 形墙段进行墙体编辑。

(2)执行"MLEDIT"命令弹出"多线编辑工具"对话框，然后选择"角点结合"选项，对直角墙体进行编辑，结果如图 5-9 所示。

图 5-8　"多线编辑工具"对话框

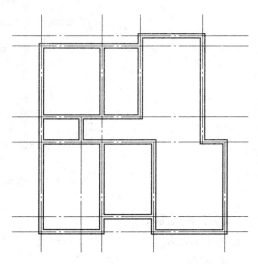

图 5-9　编辑墙体

4. 墙体开设门、窗洞口

（1）执行"偏移（O）"命令，按照图 5-28 外墙窗户墙垛尺寸，将每个房间墙体的定位轴线进行偏移，结果如图 5-10 所示。

（2）执行"修剪（TR）"命令对窗洞位置的墙体进行修剪。

（3）执行"删除（E）"命令对（1）中所偏移的轴线进行删除，结果如图 5-11 所示。

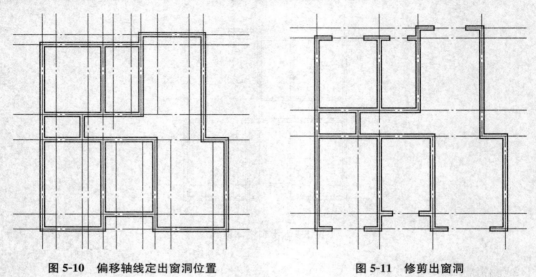

图 5-10　偏移轴线定出窗洞位置　　　　　　图 5-11　修剪出窗洞

（4）根据上述开窗洞的方法按照图 5-28 所给尺寸开出门洞口，如图 5-12 所示。

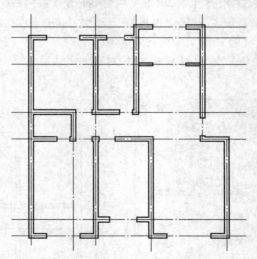

图 5-12　偏移轴线定出门洞位置

（五）绘制门窗

设置当前图层为"建筑—平面—门窗"。

1. 绘制窗

（1）绘制普通窗。

1)运用"MLSTYLE"命令或执行菜单栏"格式"→"多线样式"命令，弹出"多线样式"对话框，单击此对话框中的"新建"按钮，弹出"修改多线样式"对话框，新建"普通窗"多线样式，在"图元"线组添加偏移间距 0.17 和－0.17 的两条线构成四条线(图 5-13)，单击"确定"按钮保存设置，在"多线样式"对话框中选择"普通窗"多线样式，单击对话框上的"置为当前"按钮，单击"确定"按钮关闭对话框。

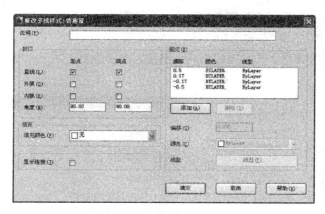

图 5-13　设定"普通窗"多线样式

2)执行"多线(ML)"命令，设置比例为 240，对正方式为"无"，通过捕捉窗洞口短墙线的中点在合适的窗洞口绘制窗线。结果如图 5-14 所示。

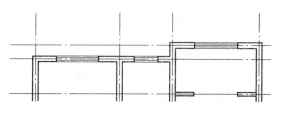

图 5-14　绘制普通窗

(2)绘制飘窗。

1)执行"多段线(PL)"命令，在飘窗洞口左下角点处捕捉交点，按"F8"键打开正交模式，向下拉动鼠标，输入"480"后按"Enter"键，向右拉动鼠标，输入"1 800"后按"Enter"键，单击选取飘窗洞口右下角点处，结果如图 5-15 所示。

2)执行"偏移(O)"命令，输入偏移距离为"40"，将刚刚绘制的多段线向外偏移三次，完成飘窗的绘制，结果如图 5-16 所示。可以计算出飘窗向墙外挑出 600 mm。

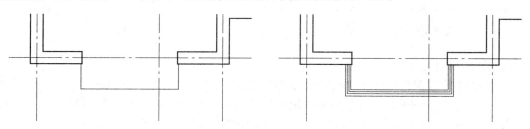

图 5-15　绘制飘窗内线　　　　　　　图 5-16　偏移出飘窗外线

2. 绘制门

(1)绘制普通平开门。

1)运用"直线（L）"和"圆弧（ARC）"命令，绘制如图 5-17 所示的平开门块。

2)单击"绘图"工具栏上"创建块"按钮 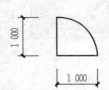，弹出"块定义"对话框，如图 5-18 所示。在"块定义"对话框的"名称"列表框中输入图块的名称"平开门1000"。在"块定义"对话框中单击"对象"选项组中的"选择对象"按钮，在绘图窗口中选择平开门图形（不要选取尺寸），此时图形以虚线显示，按"Enter"键确认。在"块定义"对话框中单击"基点"选项组中的"拾取点"按钮，单击选取绘图窗口中门块的左下角点作为图块的插入基点。单击"确定"按钮，完成"平开门1000"图块的创建。

图 5-17 制作平开门块的图形　　　　　图 5-18 "块定义"对话框

3)在命令行输入"I"（或"INSERT"）按"Enter"键，弹出如图 5-19 所示的"插入"对话框。单击"名称"右侧的下拉三角按钮，选取"平开门1000"。在"插入点""比例""旋转"选项组分别选中"在屏幕上指定"复选框，并选中"统一比例"复选框，单击"确定"按钮，在屏幕上单击选取门洞开启扇墙垛的中点，输入合适的比例因子（入户门为 1，三个卧室门均为 0.9，卫生间门为 0.7），打开正交模式（按"F8"键切换），在提示"旋转角度"的情况下晃动鼠标，直到符合门开启方向的要求，单击"确定"按钮，完成平开门插入，插入结果如图 5-20 所示。

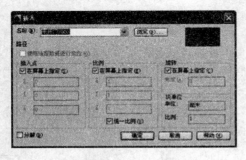

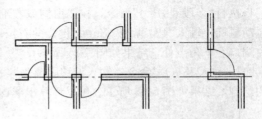

图 5-19 "插入"对话框　　　　　　　图 5-20 插入平开门

(2)绘制推拉门。

1)单击"绘图"工具栏中的"矩形"按钮，在客厅门洞口左墙段中点绘制 60 mm 宽、800 mm 长的矩形；在与客厅相邻卧室的门洞口左墙段中点绘制 60 mm 宽、800 mm 长的矩形，如图 5-21 所示。

2)执行"复制"命令对其余门扇进行复制，结果如图 5-22 所示。

3)执行"文件"→"保存"命令，选择合适路径，保存文件名为"住宅标准层平面图"。

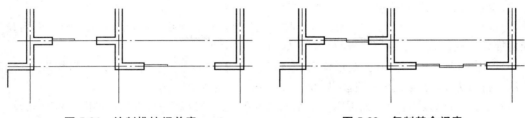

图 5-21 绘制推拉门单扇	图 5-22 复制其余门扇

(六)绘制阳台、楼梯

1. 绘制阳台

(1)设置当前图层为"建筑—平面—阳台"。

(2)执行"多段线(PL)"命令，在图 5-23 中的 P_1 点处捕捉交点，按"F8"键打开正交模式，向下拖动鼠标，输入"1500"后按"Enter"键，向右拉动鼠标，捕捉到轴线处的垂直点，单击完成阳台内边线绘制。

(3)执行"偏移(O)"命令，输入偏移距离"120"，将刚才绘制的多段线向外偏移一次，完成阳台的绘制，结果如图 5-24 所示。

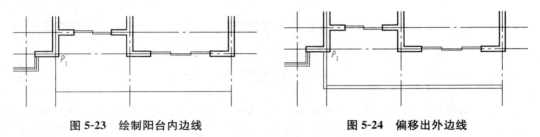

图 5-23 绘制阳台内边线	图 5-24 偏移出外边线

2. 绘制楼梯

本节讲述按照图 5-25(a)所示的尺寸绘制楼梯标准层平面图的方法和步骤。

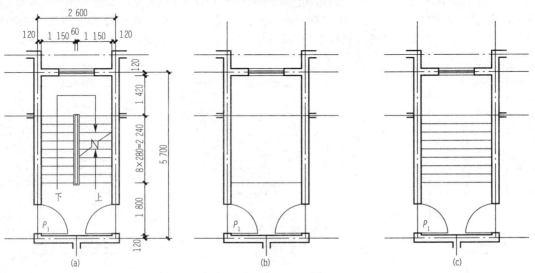

图 5-25 楼梯绘制(一)

(1)设置当前图层为"建筑—平面—楼梯"。

(2)执行"直线(L)"命令，追踪墙角 P_1 点，向上追踪距离 1 800 mm 画出第一点，向右拉动鼠标捕捉垂足点，完成第一个踏步的绘制，如图 5-25(b)所示。

(3)单击"修改"工具栏中的"矩形阵列"按钮▒，执行"矩形阵列"命令，设定列数为 1，列间距默认，行数为 9，行数之间的距离为 280 mm，阵列结果如图 5-25(c)所示。

(4)执行"直线(L)"命令，捕捉第一条踏面线的中点向上绘制一条垂线，如图 5-26(a)所示。

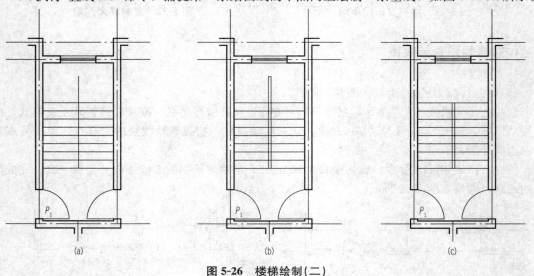

图 5-26　楼梯绘制(二)

(5)执行"偏移(O)"命令，将上述垂直线向左右偏移，距离设定为 30 mm(梯井宽度的一半)。

(6)执行"矩形(REC)"命令，沿梯井和踏步围合的矩形[图 5-26(b)所示的对角点]绘制矩形，结果如图 5-26(b)所示。

(7)执行"删除(E)"命令，删除三条垂直线，结果如图 5-26(c)所示。

(8)执行"偏移(O)"命令，将刚刚绘制的矩形向外偏移 60 mm(扶手的宽度)，结果如图 5-27(a)所示。

(9)执行"修剪(TR)"命令，选择偏移后的外矩形作为剪切边界，然后修剪中间的 7 条踏面线(第一个与最后一个考虑到梯井和扶手斜面的存在不要修剪)，结果如图 5-27(b)所示。

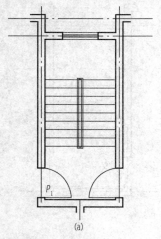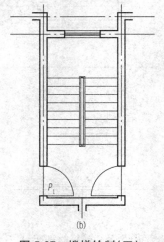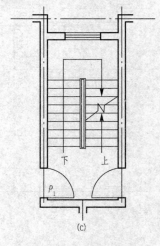

图 5-27　楼梯绘制(三)

(10)执行"多段线(PL)"命令，按"F8"键关闭正交模式，在右侧梯段上绘制45°的折断线。继续执行"多段线(PL)"命令，绘制箭头，然后书写文字，结果如图5-27(c)所示。

(11)补全楼梯标注尺寸，完成全图，如图5-28所示。最后保存图形。

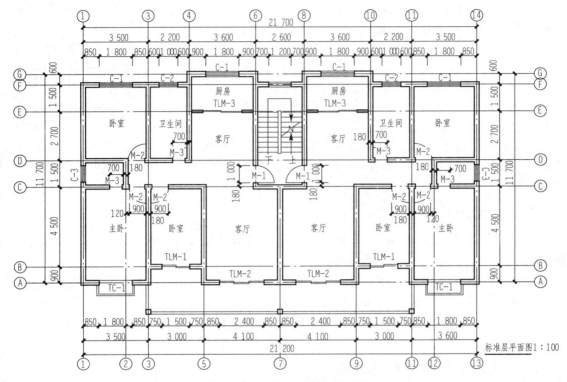

图 5-28　某住宅标准层平面图

第二节　绘制建筑立面图

建筑立面图是建筑物的外视图，表达建筑物的外形尺寸，常采用正投影法绘制，建筑立面图应表示投影方向、可见的建筑物外轮廓线和建筑构造、构配件等，外墙面做法及必要的尺寸和标高。建筑立面图能反映房屋的高度、层数，屋顶的形式，墙面的做法，门窗的形式及大小和位置，以及窗台、阳台、雨篷、檐口、台阶等的位置和标高。

一、立面图绘制的内容

(1)图名、比例。建筑立面图的比例应和平面图相同。根据国家标准《建筑制图标准》(GB/T 50104—2010)规定，立面图常用的比例有1：50、1：100和1：200。

(2)建筑物立面的外轮廓线形状、大小。

(3)建筑立面图定位轴线的编号。在建筑立面图中，一般只绘制两端的轴线，且编号应与平面图中的相对应，确定立面图的观看方向。定位轴线是平面图与立面图间联系的桥梁。

（4）建筑物立面造型。

（5）外墙上建筑构配件，如门窗、阳台、雨水管等的位置和尺寸。

（6）外墙面的装饰。外墙表面分格线应表示清楚，用文字说明各部位所用面材及色彩。外墙的色彩和材质决定建筑立面的效果，因此一定要进行标注。

（7）立面标高。在建筑立面图中，高度方向的尺寸主要使用标高的形式标注，主要包括建筑物室内外地坪、各楼层地面、窗台、阳台底部、女儿墙等各部位的标高。通常，立面图中的标高尺寸除应注明在立面图的轮廓线以外，分两侧就近注写。注写时要上下对齐，并尽量位于同一铅垂线上。但对于一些位于建筑物中部的结构，为了表达得更清楚，在不影响图面清晰的前提下也可就近标注在轮廓线以内。

（8）详图索引符号。建筑物的细部构造和具体做法常用较大比例的详图来反映，并用文字和符号加以说明，所以凡是需绘制详图的部位，都应该标上详图的索引符号，具体要求与建筑平面图相同。

二、立面图绘制的流程

（1）绘制地坪线、定位轴线、各层的楼面线（这些线其实是不可见的，只是为了以后绘制门窗洞口时有个参考的标准）、建筑外墙轮廓等。

（2）绘制立面门窗洞口、阳台、楼梯间、墙身及暴露在外墙外面的柱子等可见的轮廓。

（3）绘出门窗、雨水管、外墙分割线等立面细部。

（4）标注尺寸及标高，绘制索引符号及书写必要的文字说明等。

（5）插入图框，完成全图。

三、建筑立面图图形的绘制

（一）建立图层及相关设置

1. 建立文件

执行"文件"→"另存为"命令，弹出"图形另存为"对话框，如图 5-29 所示，在"文件名"右侧文本框中输入"立面图"，单击"保存"按钮完成对文件的另存。

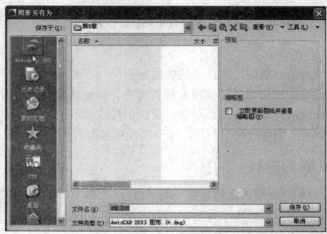

图 5-29 "图形另存为"对话框

2. 建立图层

在命令行输入"LA"（或"LAYER"）后按"Enter"键，弹出"图层特性管理器"对话框，单击 按钮，列表框中显示名称为"图层1"的图层，直接输入"建筑—立面—墙体"，按"Enter"键结束。再次按"Enter"键，又开始创建新图层，在原有图层的基础上继续建立图层（表5-2）。

表 5-2　设置图层

层名	颜色	线型	线宽/mm	备注
建筑—立面—墙体	白色	Continuous	默认	
建筑—立面—门窗	蓝色	Continuous	默认	
建筑—立面—阳台	黄色	Continuous	0.35	
建筑—立面—窗洞	绿色	Continuous	0.35	
建筑—立面—轮廓	白色	Continuous	0.70	
建筑—立面—地坪线	白色	Continuous	1.00	

3. 设置图层

（1）指定图层颜色。选中"建筑—立面—墙体"图层，单击与所选图层关联的颜色图标 □ 白，弹出"选择颜色"对话框，选择白色，单击"确定"按钮，完成对"建筑—平面—墙体"图层颜色的指定。用同样的方法设置其他图层的颜色。

（2）指定图层线宽。选中"建筑—立面—轮廓"图层，单击与所选图层关联的线宽图标 —— 默认，弹出"线宽"对话框，选择0.70 mm；选中"建筑—立面—窗洞"图层，单击与所选图层关联的线宽图标—— 默认，弹出"线宽"对话框，选择0.35 mm；选中"建筑—立面—地坪线"图层，单击与所选图层关联的线宽图标—— 默认，弹出"线宽"对话框，选择1.00 mm；单击"确定"按钮，其他图层线宽采用默认设置。单击状态提示栏中的 ＋ 按钮，使其变蓝激活，线宽显示处于打开状态，并不会影响线宽的打印。

创建立面图层和设置特性完成后如图5-30所示。

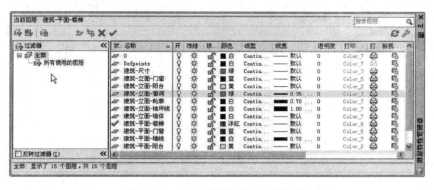

图 5-30　创建立面图层和设置特性

（3）指定线型比例。执行"格式"→"线型"命令，弹出"线型管理器"对话框，在对话框中将"全局比例因子"设为50，单击"确定"按钮关闭对话框。

（二）复制轴线

执行"复制（CO）"命令将①和⑬轴线、轴线编号及总尺寸向下平移复制。

(三)绘制地坪线和墙线

(1)设置当前图层为"建筑—立面—地坪线"。

(2)执行"直线(L)"命令,在总尺寸上方绘制一条水平线作为地坪线,如图5-31所示。

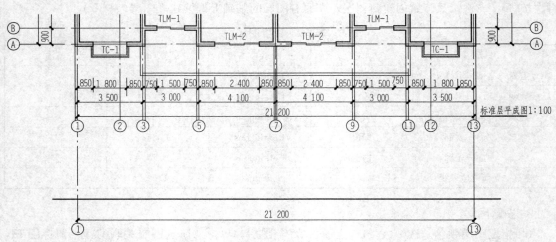

图5-31 绘制地坪线

(3)设置当前图层为"建筑—立面—墙体"。

(4)执行"直线(L)"命令,从平面图中的墙角点捕捉交点向地坪线上相应的垂足点绘制竖直的立面墙线,结果如图5-32所示。

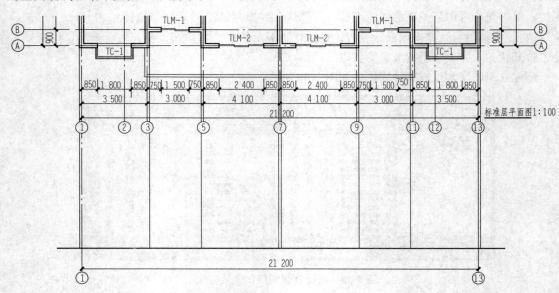

图5-32 绘制立面墙线

(四)绘制立面门窗

按照图5-41所示设计标注尺寸,室内外高差为600,层高为3 000,飘窗窗台高为800,窗高为1 800，窗过梁到上层地面高400。按照这些尺寸首先进行飘窗定位。

1. 定位立面门窗

(1)设置当前图层为"建筑—立面—门窗"。

(2)执行"偏移(O)"命令，将地坪线向上依次偏移600、800、1 800、400，然后将这些偏移的直线图层修改为"建筑—立面—门窗"图层。

(3)执行"直线(L)"命令，从平面图中的"TC—1"洞口捕捉交点向窗台线上相应的垂足点绘制窗边线，"TLM—1"和"TLM—2"的门洞边线要引到地坪线处，结果如图5-33所示。

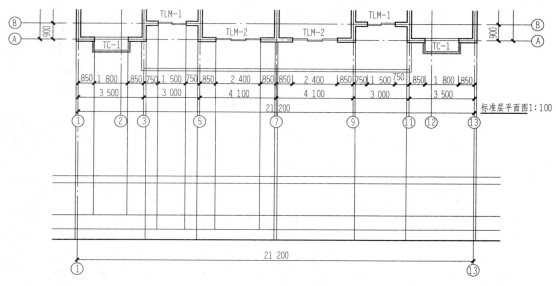

图5-33　定位立面门窗

2. 绘制立面窗户

(1)执行"矩形(REC)"命令，捕捉交点，在窗户定位处绘制三个矩形窗洞。

(2)执行"偏移(O)"命令，将绘制的矩形向内偏移70，生成窗框。

(3)执行"直线(L)"命令，对门窗按照门窗固定扇高度500进行分割。

(4)执行"矩形(REC)"命令，绘制"TC—1"的上下窗台板(厚度100、宽度2 040)，并将其移动到窗户中间。

(5)选择"TC—1"的上下窗台板和三个矩形窗洞口，将其图层修改为"建筑—立面—窗洞"图层，结果如图5-34所示。

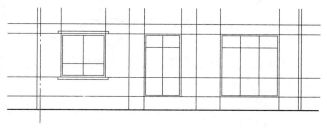

图5-34　绘制立面门窗

(五)标注窗定位尺寸

(1)设置当前图层为"建筑—尺寸"。

(2)执行"标注"→"标注样式"命令,设定"建筑100"作为当前标注样式。

(3)执行"标注"→"线性"命令,标注出室内外高差尺寸"600";再执行"标注"→"连续"命令,标注出窗台高800、窗高1 800、过梁高400尺寸;最后,执行"标注"→"基线"命令,标注出层高尺寸,结果如图5-35所示。

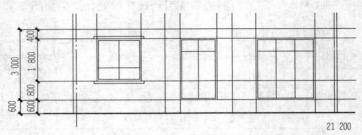

图 5-35 标注立面门窗尺寸

(六)绘制立面阳台

(1)设置当前图层为"建筑—立面—阳台"。

(2)为了建筑造型的需要,在阳台转角部位加上截面边长240的装饰方柱,执行"直线(L)"命令,按照前述方法引出立面投影线。

(3)执行"直线(L)"命令,绘制阳台边梁,高度定为300(从层高向下算起)。

(4)执行"直线(L)"和"矩形(REC)"命令,按照图5-36所示的大样尺寸绘制阳台栏杆。

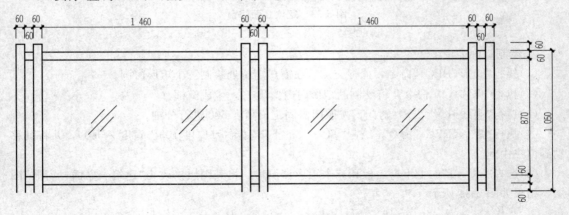

图 5-36 阳台栏杆细部尺寸

(5)执行"修剪(TR)"命令,将"TLM—1"和"TLM—2"被阳台栏杆遮挡部分进行修剪,结果如图5-37所示。

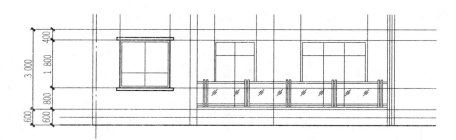

图 5-37　绘制阳台栏杆

(七)生成立面图

1. 镜像立面门窗及阳台

(1)执行"删除(E)"命令,将窗户定位线和投影线删除,然后将平面图删除,将"标准层平面图"图名复制到地坪线下方,并修改为立面图的图名。

(2)制作标高符号图块,并在室内地坪处标注标高"±0.000",标高文字高度定为300,结果如图 5-38 所示。

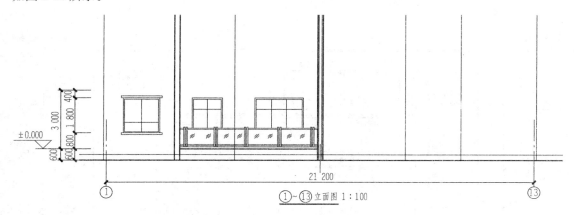

图 5-38　删除立面定位辅助线并标注标高

(3)执行"镜像(MI)"命令,将①到⑦轴线之间地坪线上方的门窗、阳台、尺寸标注以⑦轴线为镜像轴进行镜像,结果如图 5-39 所示。

2. 阵列多层

执行"阵列(ARRAYRECT)"或"复制(CO)"命令,将层间的门窗、阳台及尺寸标注向上阵列或复制6层,间距为3 000。

3. 完善立面图

(1)设置当前图层为"建筑—立面—墙体"。

(2)执行"直线(L)"和"矩形(REC)"命令绘制女儿墙,结果如图 5-40 所示。

(3)设置当前图层为"建筑—立面—阳台"。

(4)执行"直线(L)"和"矩形(REC)"命令绘制阳台雨篷。

(5)设置当前图层为"建筑—立面—轮廓"。

(6)执行"多段线(PL)"命令捕捉交点,沿建筑外轮廓绘制轮廓线。

（7）修改各层标高，加注建筑总高尺寸，结果如图 5-41 所示。

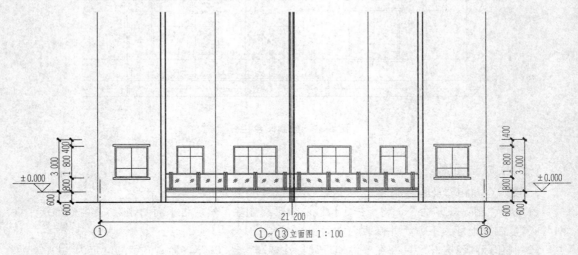

图 5-39　镜像立面构件

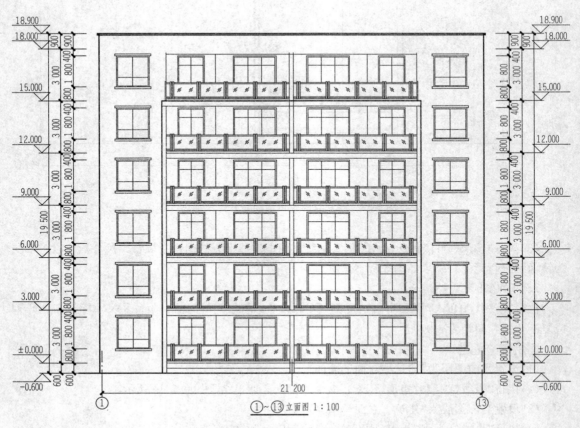

图 5-40　某住宅立面图

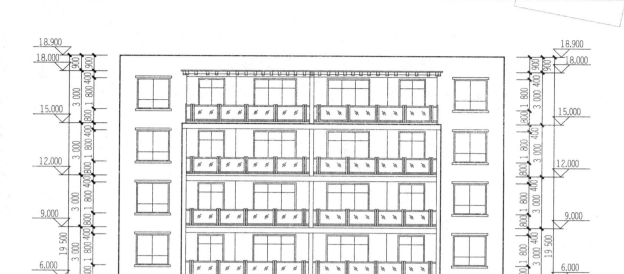

图 5-41　某住宅立面图

第三节　绘制建筑剖面图

一、建筑剖面图绘制内容

建筑剖面图是用假想的铅垂切面将房屋剖开后所得到的立面视图，主要表示建筑物垂直方向的内容构造和结构形式，反映房屋的层次、层高、楼梯、结构形式、层面及内部空间关系等。在建筑施工图中，平面图、立面图、剖面图等是相互配合、不可缺少的图样，各自有要表达的设计内容。为了清楚地表达出复杂的建筑内部结构与构造形式、分层情况和各部位的联系、材料及其标高等信息，一般要利用建筑剖面图和建筑详图等图样，来表达建筑物实体的设计。

本书将建筑剖面图的主要内容概括为以下部分：

（1）图名、比例。剖面图的比例与平面图、立面图一致，为了表示清楚，也可用较大的比例进行绘制。

(2)定位轴线和轴线编号。剖面图上定位轴线的数量比立面图中多，但一般也不需要全部绘制，通常只绘制图中被剖切到的墙体的轴线，与建筑平面图相对照，方便阅读。

(3)线型。在建筑剖面图中，被剖切轮廓线应该采用粗实线表示，其余构、配件采用细实线表示，被剖切构、配件的内部材料也应该有所表示。例如，楼梯在剖面图中应该表现出其内部材料，如图 5-42 所示。

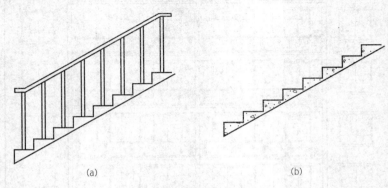

图 5-42　楼梯剖面示意
(a)未被剖切的楼梯；(b)被剖切的楼梯

(4)表示被剖切到的建筑内部构造，如各楼层地面、内外墙、屋顶、楼梯、阳台等构造。表示建筑物承重构件的位置及相互关系，如各层的梁、板、柱及墙体的连接关系等。表示没有被剖切到但在剖切面中可以看到的建筑物构件，如室内的门窗、楼梯和扶手。

(5)屋顶的形式及排水坡度等。

(6)竖向尺寸的标注。建筑剖面图主要标注建筑物的标高，具体为室外地坪、窗台、门窗洞口、各层层高、房屋建筑物的总高度。

(7)详细的索引符号和必要的文字说明。一般建筑剖面图的细部做法，例如，屋顶檐口、女儿墙、雨水口等构造均需要绘制详图，凡是需要绘制详图的地方都要标注详图符号。

二、建筑剖面图绘制流程

(1)绘制建筑物的室内外地坪线、定位轴线及各层的楼面、屋面，并根据轴线绘制所有被剖切到的墙体断面轮廓及未被剖切到的可见墙体轮廓。

(2)绘制出剖面门窗洞口位置、楼梯平台、女儿墙、檐口及其他可见轮廓线。

(3)绘制出各种梁，如门窗洞口上面的过梁、可见的或被剖切的承重梁等的轮廓或断面。

(4)绘制楼梯、室内的固定设备、室外的台阶、花池及其他一切可以见到的细节。

(5)标注尺寸和文字说明。

(6)插入图框，完成全图。

三、建筑剖面图中主要构、配件的绘制

(一)建立图层及相关设置

1. 建立文件

执行"文件"→"另存为"命令，弹出"图形另存为"对话框，如图 5-43 所示，选择好保存的路径，在"文件名"右侧文本框中输入"剖面图"，单击"保存"按钮完成对文件的另存。

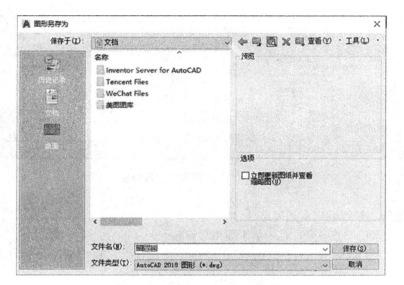

图 5-43 "图形另存为"对话框

2. 建立图层

在命令行输入"LA"(或"LAYER")后按"Enter"键，弹出"图层特性管理器"对话框，单击 按钮，列表框中显示名称为"图层 1"的图层，直接输入"建筑—剖面—墙体"，按"Enter"键结束。再次按"Enter"键，开始创建新图层，在原有图层的基础上继续建立表 5-3 所示的图层。

表 5-3　设置图层

层名	颜色	线型	线宽/mm	备注
建筑—剖面—墙体	黄色	Continuous	0.70	
建筑—剖面—楼板	青色	Continuous	0.70	
建筑—剖面—门窗	蓝色	Continuous	默认	
建筑—剖面—阳台	洋红	Continuous	0.70	
建筑—剖面—填充	绿色	Continuous	默认	
建筑—剖面—地坪线	白色	Continuous	1.00	
建筑—剖面—投影线	白色	Continuous	默认	

3. 指定图层颜色

选中"建筑—剖面—墙体"图层，单击与所选图层关联的颜色图标口 白，弹出"选择颜色"对话框，选择黄色，单击"确定"按钮，完成对"建筑—剖面—墙体"图层颜色的指定。用同样的方法，设置其他图层的颜色。

4. 指定图层线宽

选中"建筑—剖面—墙体"图层，单击与所选图层关联的线宽图标—— 默认，弹出"线宽"对话框，选择 0.70 mm；按照表 5-3 完成其他图层线宽设置。单击状态提示栏中的➕按钮，使其变蓝激活，线宽显示处于打开状态，并不会影响线宽的打印。

创建图层和设置特性完成后，对话框如图 5-44 所示。

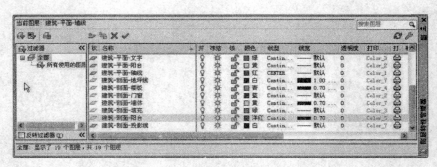

图 5-44　创建图层和设置特性

5. 复制轴线、轴线编号及相关尺寸

(1)执行"旋转(RO)"命令，将一层平面图形旋转-90°。

(2)执行"复制(CO)"命令，将Ⓐ、Ⓒ、Ⓓ、Ⓔ和Ⓖ轴线，轴线编号及标注尺寸向下平移复制。

(3)执行"旋转(RO)"命令，将轴线编号分别绕各自的圆心旋转90°，结果如图 5-45 所示。

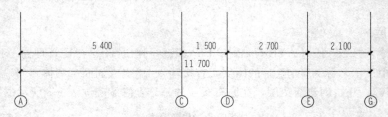

图 5-45　复制轴线、轴线编号

6. 绘制层高基准线

(1)设置当前图层为"建筑—剖面—投影线"。

(2)执行"构造线(XL)"命令，在尺寸上方绘制一条水平线作为地坪线。

(3)执行"偏移(O)"命令，将地坪线向上偏移 600，生成室内±0.000 标高参照线。

(4)单击"修改"工具栏中的"矩形阵列"按钮，执行"矩形阵列"命令，将室内±0.000 标高参照线向上阵列 7 行，间距为 3 000。

(5)打开图形文件"立面图.dwg"，运用复制、粘贴功能将立面图中右侧的尺寸标注及标高粘贴到当前图形Ⓖ轴线的右侧；运用"移动(M)"命令将-600 标高尺寸标注线对准室外地坪线。结果如图 5-46 所示。

(二)绘制楼板线和剖断梁线

设置当前图层为"建筑—剖面—楼板"。

1. 绘制楼板线

(1)执行"偏移(O)"命令，将Ⓐ轴线向左偏移 1 500，定出阳台柱的定位轴线，记作 1/0A 轴线。继续执行"偏移(O)"命令，将 3.000 层高线向下偏移 400、1 800，定出梁底线和窗台线。

(2)执行菜单栏"格式"→"多线样式"命令，选择"墙体"并将其置为当前。

(3)执行"多线(ML)"命令，将多线比例设置为"150"，对正方式设置为"上"，配合交点捕捉功能在 3.000 层高处一层区间的 1/0A 至Ⓖ轴线上绘制楼板，结果如图 5-47 所示。

2. 绘制剖断梁线

（1）执行"多线（ML）"命令，将多线比例设置为"240"，对正方式设置为"无"，配合交点捕捉功能，在3.000层高处与1/0A轴线交点处绘制阳台边梁高250，在3.000层高处与⑥轴线交点处绘制梁高400，在Ⓐ、Ⓒ、Ⓓ轴线楼板底至梁底线处绘制梁线。继续执行"多线（ML）"命令，将多线比例设置为"120"，对正方式设置为"无"，配合交点捕捉功能在一层区间的Ⓔ轴线上绘制梁，结果如图5-48所示。

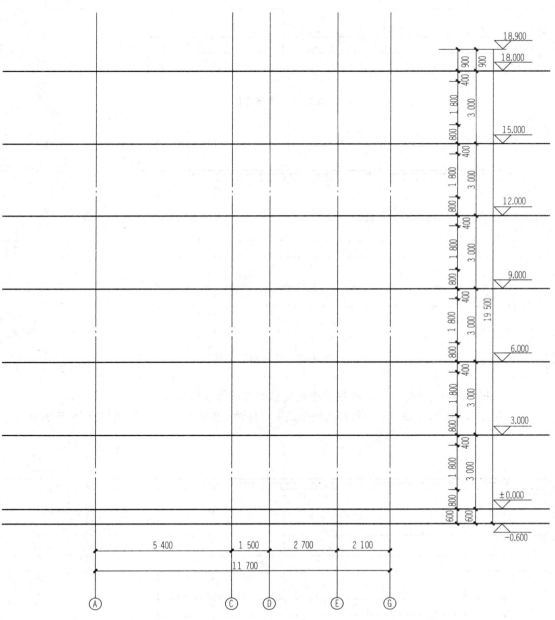

图 5-46　绘制层高基准线

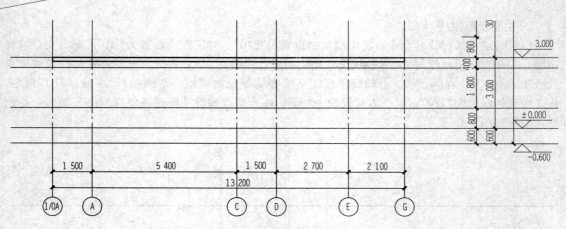

图 5-47　绘制楼板线

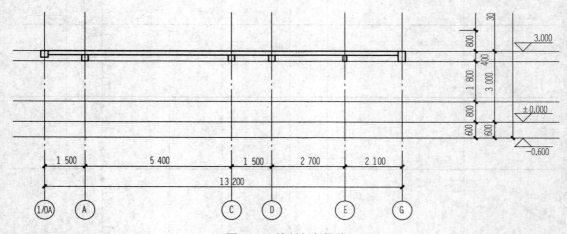

图 5-48　绘制剖断梁线

（2）执行"分解（X）"命令，对绘制的楼板线和所有梁线进行分解。

（3）执行"修剪（TR）"命令，对绘制的楼板线和所有梁线相交处进行修剪，结果如图 5-49 所示。

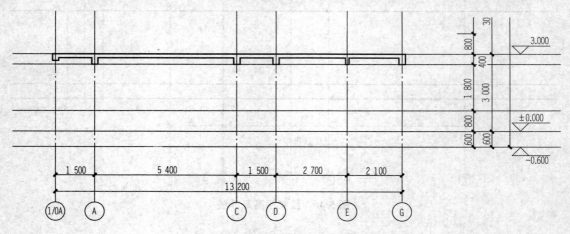

图 5-49　修剪楼板线和梁线

(三)绘制墙线

1. 绘制剖断墙线

(1)设置当前图层为"建筑—剖面—墙体"。

(2)执行"多线(ML)"命令，将多线比例设置为"240"，对正方式设置为"无"，配合交点捕捉功能，在ⓖ轴线与±0.000标高处绘制800高的墙体。

2. 绘制投影墙线

(1)设置当前图层为"建筑—剖面—投影线"。

(2)执行"直线(L)"命令，在ⓒ轴线梁的右侧和ⓓ轴线的左侧绘制墙体投影线。

(四)绘制剖面阳台

(1)设置当前图层为"建筑—剖面—阳台"。

(2)执行"多线(ML)"命令，将多线比例设置为"80"，对正方式设置为"无"，配合交点捕捉功能，在1/0A轴线与3.000标高处绘制1 050高的阳台栏板，结果如图5-50所示。

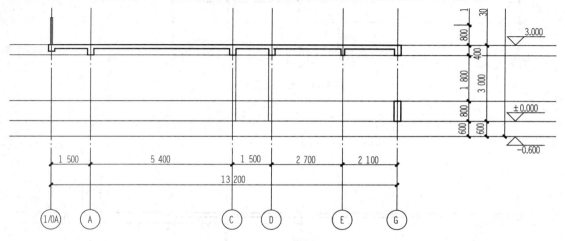

图5-50 绘制剖面阳台

(五)绘制剖面门窗

(1)设置当前图层为"建筑—剖面—门窗"。

(2)执行菜单栏"格式"→"多线样式"命令，选择"普通窗"并将其置为当前。

(3)执行"多线(ML)"命令，将多线比例设置为"240"，对正方式设置为"无"，配合交点捕捉功能，在ⓐ轴线上绘制剖面落地推拉门，在ⓖ轴线1 800位置处绘制普通窗。继续执行"多线(ML)"命令，将多线比例设置为"120"，对正方式设置为"无"，配合交点捕捉功能在一层区间的ⓔ轴线上绘制落地推拉门的剖面线，结果如图5-51所示。

(六)标注内部相关尺寸

(1)设置当前图层为"建筑—尺寸"。

(2)执行"标注"→"标注样式"命令，设定"建筑100"作为当前标注样式。

(3)执行"标注"→"线性"命令，标注室内推拉门的高度尺寸，结果如图5-52所示。

(七)阵列多层

单击"修改"工具栏中的"矩形阵列"按钮 ，执行"矩形阵列"命令，将上述绘制的层间的楼板、梁、墙体、门窗、内部尺寸和阳台栏板向上阵列6行，间距为3 000，结果如图5-53所示。

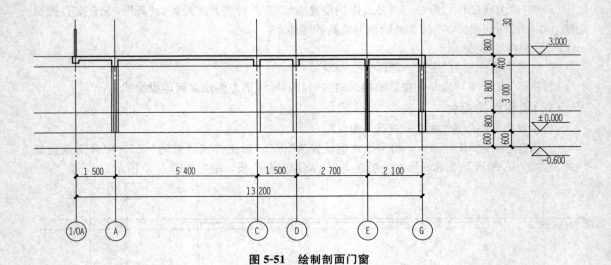

图 5-51　绘制剖面门窗

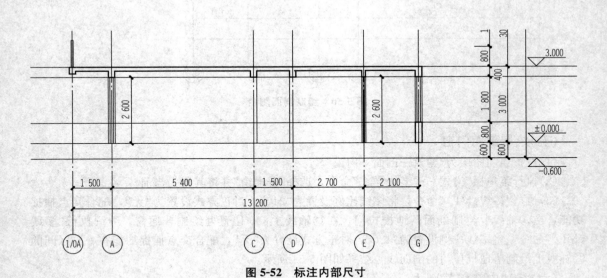

图 5-52　标注内部尺寸

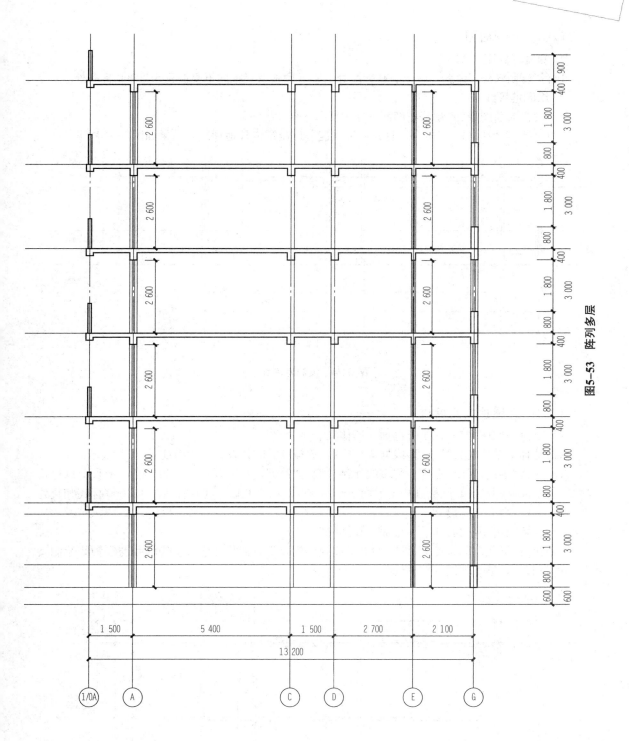

图5-53 阵列多层

(八)完善剖面图

1. 复制一层阳台

执行"复制(CO)"命令，将 3.000 标高处的阳台底板及栏板向下复制到±0.000 标高处。

2. 绘制地坪线

(1)设置当前图层为"建筑—剖面—地坪线"。

(2)执行"多段线(PL)"命令，打开捕捉功能，绘制室内外地坪线，结果如图 5-54 所示。

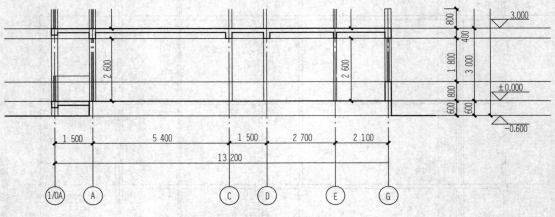

图 5-54　绘制地坪线

(九)绘制屋顶女儿墙线

(1)设置当前图层为"建筑—剖面—墙体"。

(2)选择菜单栏"格式"→"多线样式"命令，选择"墙体"并将其置为当前。

(3)执行"多线(ML)"命令，将多线比例设置为"240"，对正方式设置为"无"，配合交点捕捉功能，在Ⓐ轴线与 18.000 标高相交处向上绘制 900 高的女儿墙，在Ⓖ轴线与 18.000 标高相交处向上绘制 900 高的女儿墙。

(4)设置当前图层为"建筑—剖面—投影线"。

(5)执行"直线(L)"命令，在 18.000 标高处，配合交点捕捉功能，沿Ⓐ轴线与Ⓖ轴线绘制女儿墙的投影线，结果如图 5-55 所示。

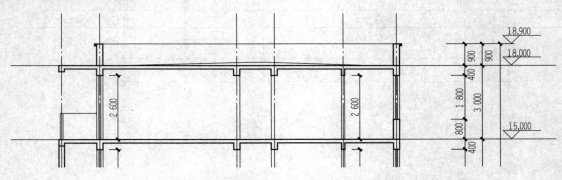

图 5-55　绘制女儿墙线

（十）标注外部尺寸

（1）执行"镜像（MI）"命令，以ⓒ轴线作为镜像线，将右侧的尺寸标注和标高标注镜像到剖面图的左侧。

（2）执行"删除（E）"命令，删除右边的门窗尺寸及定位尺寸。

（3）设置当前图层为"建筑—尺寸"。

（4）执行"标注"→"标注样式"命令，设定"建筑100"作为当前标注样式。

（5）执行"标注"→"线性"命令，标注阳台边梁、阳台栏板等尺寸。

标注外部尺寸后如图5-56所示。

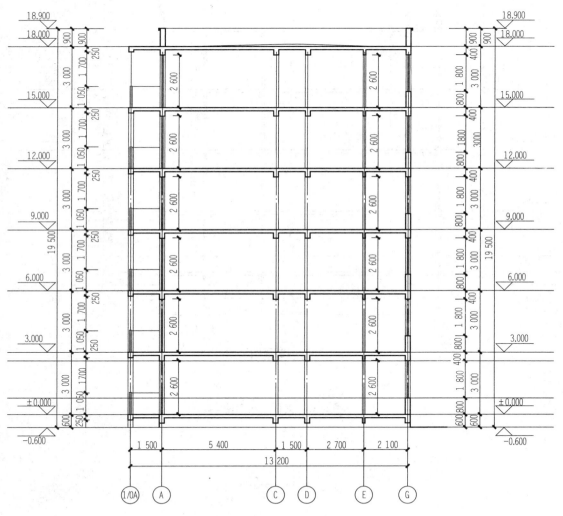

图5-56 标注外部尺寸

（十一）标注图名

（1）执行"复制（CO）"命令，将一层平面图的图名复制到剖面图的下方。

（2）双击"一层平面图"图名，然后修改为"1—1剖面图"，完成图名的注写。

（3）执行"删除（E）"命令，删除层间的构造辅助线和上部旋转的一层平面图，完成剖面图的绘制，结果如图 5-57 所示。

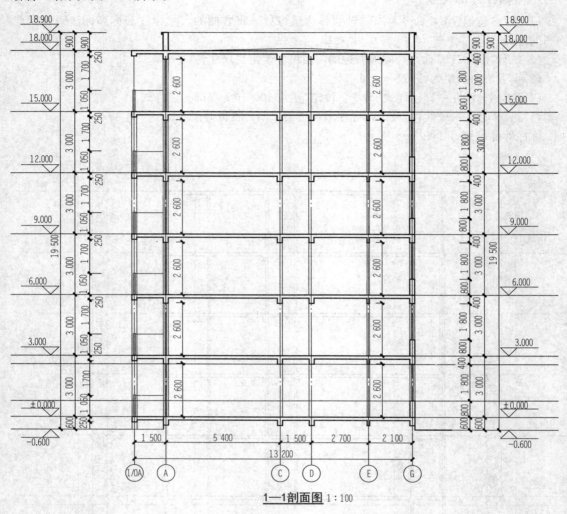

1—1剖面图 1:100

图 5-57　某住宅剖面图

　　本章主要介绍了绘制建筑施工图、建筑立面图、建筑剖面图的相关知识。

　　建筑平面图是建筑施工图的基本样图，它是假想用一水平的剖切面沿门窗洞口位置将房屋剖切后，对剖切面以下部分所作的水平投影图。它反映出房屋的平面形状、大小和布置，墙、柱的位置、尺寸和材料，门窗的类型和位置等。

　　建筑立面图是建筑物的外视图，表达建筑物的外形尺寸，常采用正投影法绘制。建筑立面图能反映房屋的高度、层数，屋顶的形式，墙面的做法，门窗的形式及大小和位置，以及窗台、阳台、雨篷、檐口、台阶等的位置和标高。

　　建筑剖面图是用假想的铅垂切面将房屋剖开后所得到的立面视图，主要表示建筑物垂直方向的内容构造和结构形式，反映房屋的层次、层高、楼梯、结构形式、层面及内部空间关系等。在建筑施工图中，平面图、立面图、剖面图等是相互配合、不可缺少的图样，各自有要表达的设计内容。

思考与练习

　　1. 建筑施工图中的平面图由哪几部分组成？

　　2. 简述建筑平面图的绘图流程。

　　3. 如何绘制平面施工图中的轴线和轴线圈？

　　4. 如何编辑建筑平面图中的墙体？如何在墙体开设门窗洞口？

　　5. 立面图绘制的内容有哪些？

　　6. 建筑剖面图的主要内容包括哪几部分？

　　7. 简述建筑剖面图的绘制流程。

第六章 三维绘图

学习目标

通过对本章内容的学习，了解三维绘制的基本概念（包括视点、视图、视口、用户坐标、三维模型、视觉样式）；掌握三维几何体的创建（包括创建多段体、长方体、圆柱体、圆环体），掌握三维编辑功能（倒角边、圆角边、三维阵列、三维镜像、对齐对象）；熟悉建筑三维模型的制作和简单渲染。

教学重点

1. 创建三维几何体。
2. 三维编辑功能。

第一节 三维绘图基础

一、视点

在 AutoCAD 绘图空间中可以在不同的位置进行图形观察，这些位置就称为视点，而使用"视点预设"命令则可以设置视点。

使用"视点预设"命令有以下两种方法：

方法1：在命令行输入"DDVpoint"或"VP"。

方法2：执行菜单栏"视图"→"三维视图"→"视点预设"命令。

执行"视点预设"命令后，系统弹出"视点预设"对话框，如图 6-1 所示。在此对话框中，可以进行投射角和方位角的设置。

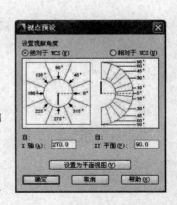

图 6-1 "视点预设"对话框

二、视图

为了便于观察和编辑三维模型，AutoCAD 为使用者提供了一些标准视图，具体有六个正交视图（俯视、仰视、左视、右视、前视和后视）和四个等轴测图（西南、东南、东北、西北）。

视图的切换主要有以下几种方法：

方法1：执行菜单栏"视图"→"三维视图"命令。

方法2：单击"视图"工具栏上的相应按钮。

方法3：单击绘图区左上角"视图控件"按钮，选择"俯视"，从弹出的菜单中切换视图。

上述六个正交视图和四个等轴测视图用于显示三维模型的主要特征视图，便于观察和绘制三维形体。

三、视口

视口是用于绘制图形、显示图形的区域。AutoCAD在默认设置下将整个绘图区作为一个视口，在建模过程中，有时需要从各个不同视点上观察模型的不同部分，所以，AutoCAD为使用者提供了视口的分割功能，可以将默认的一个视口分割成多个视口。这样，使用者可以从不同的方向观察三维模型的不同部分，如图6-2所示。

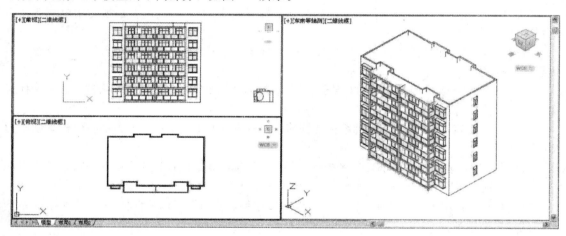

图6-2　分割视口

视口的分割与合并具体有以下几种方法：

方法1：通过菜单分割视口。执行菜单栏"视图"→"视口"级联菜单中的相关命令，即可将当前视口分割为两个、三个或多个。

方法2：单击"视口"工具栏或面板上的各按钮。

方法3：通过对话框分割视口。选择菜单栏"视图"→"视口"→"新建视口"命令，弹出图6-3所示的"视口"对话框，在此对话框中使用者可以对分割视口进行提前预览，能够方便、直接地分割视口。

图6-3　"视口"对话框

四、用户坐标系

为了方便在三维空间绘图，AutoCAD为使用者提供了一种非常灵活的坐标系——用户坐标系(UCS)，此坐标系弥补了世界坐标系(WCS)的不足，使用者可以随意定制符合作图需要的 UCS。

世界坐标系在坐标轴交点处有一个小方格，使用者坐标系在坐标轴交点处没有小方格，使用者在绘图时要注意甄别。

执行"用户坐标系(UCS)"命令主要有以下几种方式：

方法 1：在命令行输入"UCS"后按"Enter"键。

方法 2：执行菜单栏"工具"→"新建 UCS"命令。

方法 3：单击"UCS"工具栏中的各按钮。

执行"UCS"命令后命令行提示如下：

指定 UCS 的原点或[面(F)/命名(NA)/对象(OB)/上一个(P)/视图(V)/世界(W)/X/Y/Z/Z 轴(ZA)]〈世界〉：

"指定 UCS 的原点"：用于指定三点，以分别定位出新坐标系的原点、X 轴正方向和 Y 轴正方向。

"面(F)"：用于选择一个实体的平面作为新坐标系的 XOY 面。使用者必须使用单击选择法选择实体。

"命名(NA)"：主要用于恢复其他坐标系为当前坐标系、为当前坐标系命名保存以及删除不需要的坐标系。

"对象(OB)"：表示通过选定的对象创建 UCS 坐标系。使用者只能使用单击选择法来选择对象，否则无法执行此命令。

"上一个(P)"：用于将当前坐标系恢复到前一次所设置的坐标系位置，直到将坐标系恢复为 WCS 坐标系。

"视图(V)"：表示将新建的使用者坐标系的 X、Y 轴所在的面设置成与屏幕平行，其原点保持不变，Z 轴与 XY 平面正交。

"世界(W)"：用于选择世界坐标系作为当前坐标系，使用者可以从任何一种 UCS 坐标系下返回到世界坐标系。

"X/Y/Z"：原坐标系坐标平面分别绕 X、Y、Z 轴旋转而形成新的用户坐标系。

"Z 轴"：用于指定 Z 轴方向，以确定新的 UCS 坐标系。

五、三维模型

AutoCAD 为使用者提供了实体模型、曲面模型和网格模型三种模型。通过三种模型，使用者可以建立直观的三维感性认识。实体模型是实心的物体，使用者可以对其打孔、切槽、扣挖、倒角等布尔运算，也可以进行渲染和着色。曲面模型是一些实体的表面，使用者可以对其进行修剪、延伸、圆角、偏移等编辑操作，也可以进行渲染和着色。网格模型也称作表面模型，它是由一系列具有连接顺序的棱边围成的表面，再由表面的集合形成三维物体，是空心的形体，不能进行布尔运算，但可以进行渲染和着色。

六、视觉样式

AutoCAD 提供了几种控制模型外观显示效果的视觉样式，能快速显示出三维物体的逼真形态，对三维模型的效果显示有很大帮助。这些着色样式位于图 6-4 中的菜单栏，如在"草图与注释"工作空间下的"视图"选项板上，可显示图 6-5 所示的"视觉样式"面板。

视觉样式的切换主要有以下四种方法：

方法 1：在命令行输入"VS"后按"Enter"键进行切换。

方法 2：执行菜单栏"视图"→"视觉样式"命令。

方法 3：单击"视觉样式"工具栏的相应按钮。

方法 4：单击绘图区左上角"视图控件"按钮[-][俯视][二维线框]，选择"二维线框"，从弹出的菜单中切换视觉样式。

用户可以根据需要进行模型外观视觉样式的设置。

图 6-4　"视觉样式"菜单栏

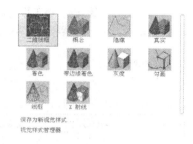

图 6-5　"视觉样式"面板

第二节　创建三维几何体

一、创建多段体

通过"POLYSOLID"命令，用户可以将现有的直线、二位多段线、圆弧或圆转换为具有矩形轮廓的模型。多段体可以包含曲线线段，在默认情况下轮廓始终为矩形。

1. 执行方式

(1)在菜单栏选择"绘图"→"建模"→"多段体"命令。

(2)在工具栏选择"建模"→"多段体"命令。

(3)在功能区选择"三维工具"→"多段体"命令。

(4)在命令行输入"POLYSOLID"后按"Enter"键。

2. 操作格式

命令：POLYSOLID

高度= 80.0000, 宽度= 5.0000, 对正= 居中

指定起点或[对象(O)/高度(H)/宽度(W)/对正(J)]〈对象〉：

指定下一个点或[圆弧(A)/放弃(U)]：

指定下一个点或[圆弧(A)/放弃(U)]：

指定下一个点或[圆弧(A)/闭合(C)/放弃(U)]：

指定下一个点或[圆弧(A)/闭合(C)/放弃(U)]：＊取消＊

3. 选项说明

(1)对象(O)：指定要转换为建模的对象。可以将直线、圆弧、二维多段线、圆等转换为多

段体，如图 6-6 所示。

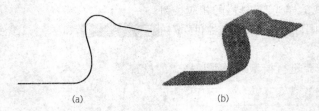

图 6-6　将工程多段线转换为多段体

(a)二维多段线；(b)对应的多段体

(2)高度（H）：指定建模的高度。

(3)宽度（W）：指定建模的宽度。

(4)对正（J）：使用命令定义轮廓时，可以将建模的宽度和高度设置为左对正、右对正或居中，对正方式由轮廓第一条线段的起始方向决定。

二、创建长方体

长方体是最简单的实体单元，下面讲述其绘制方法。

1. 执行方式

(1)在菜单栏选择"绘图"→"建模"→"长方体"命令。

(2)在工具栏选择"建模"→"长方体"■命令。

(3)在功能区选择"三维工具"→"长方体"■命令。

(4)在命令行输入"BOX"后按"Enter"键。

2. 操作格式

命令：BOX

指定第一个角点或[中心(C)]：0，0，0

指定其他角点或[立方体(C)/长度(L)]：

3. 选项说明

(1)指定第一个角点。用于确定长方体的一个顶点位置。

(2)指定其他角点。用于指定长方体的其他角点。输入另一角点的数值，即可确定该长方体。如果输入的是正值，则沿着当前 UCS 的 X、Y 和 Z 轴的正向绘制长度；如果输入的是负值，则沿着 X、Y 和 Z 轴的负向绘制长度。图 6-7 所示为利用角点创建的长方体。

第二角点

第一角点

**图 6-7　利用角点
创建的长方体**

（3）立方体（C）。用于创建一个长、宽、高相等的长方体。图6-8所示为利用立方体创建的长方体。

（4）长度（L）。按要求输入长、宽、高的值，图6-9所示为利用长、宽和高创建的长方体。

**图6-8　利用立方体
创建的长方体**

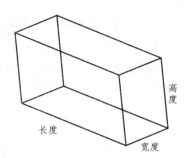

**图6-9　利用长、宽和高
创建的长方体**

三、创建圆柱体

圆柱体是一种简单的实体单元。

1. 执行方式

（1）在菜单栏选择"绘图"→"建模"→"圆柱体"命令。

（2）在工具栏选择"建模"→"圆柱体" ▣命令。

（3）在功能区选择"三维工具"→"圆柱体" ▣命令。

（4）在命令行输入"CYLINDER"后按"Enter"键。

2. 操作格式

命令：CYLINDER

指定底面的中心点或[三点(3P)/两点(2P)/切点、切点、半径(T)/椭圆(E)]：

3. 选项说明

（1）指定底面的中心点：先输入底面圆心的坐标，然后指定底面的半径和高度，此选项为系统的默认选项。AutoCAD按指定的高度创建圆柱体，且圆柱体的中心线与当前坐标系的 Z 轴平行，如图6-10所示。可以采用另一个端面的圆心来指定高度，AutoCAD根据圆柱体两个端面的中心位置来创建圆柱体，该圆柱体的中心线就是两个端面的连线，如图6-11所示。

（2）椭圆（E）：创建椭圆圆柱体。椭圆端面的绘制方法与平面椭圆一样，创建的椭圆圆柱体如图6-12所示。

**图6-10　按指定
高度创建圆柱体**

**图6-11　指定圆柱体
另一个端面的中心位置**

图6-12　椭圆圆柱体

四、绘制圆环体

圆环体也属于一种简单的实体单元。

1. 执行方式

(1)在菜单栏选择"绘图"→"建模"→"圆环体"命令。

(2)在工具栏选择"建模"→"圆环体" ◉ 命令。

(3)在功能区选择"三维工具"→"圆环体" ◉ 命令。

(4)在命令行输入"TORUS"后按"Enter"键。

2. 操作步骤

命令：TORUS

指定中心点或[三点(3P)/两点(2P)/切点、切点、半径(T)]：

指定半径或[直径(D)]⟨467.4173⟩：

指定圆管半径或[两点(2P)/直径(D)]：

五、拉伸

拉伸是指在平面图形的基础上沿一定路径生成三维实体的过程。

1. 执行方式

(1)在菜单栏选择"绘图"→"建模"→"拉伸"命令。

(2)在工具栏选择"建模"→"拉伸" ◼ 命令。

(3)在功能区选择"三维工具"→"建模"→"拉伸" ◼ 命令。

(4)在命令行输入"EXTRUDE"后按"Enter"键。

2. 操作步骤

命令：_ extrude

当前线框密度：ISOLINES= 4,闭合轮廓创建模式= 实体

找到1个

_ MO闭合轮廓创建模式[实体(SO)/曲面(SU)]⟨实体⟩：_ SO

指定拉伸的高度或[方向(D)/路径(P)/倾斜角(T)/表达式(E)]⟨567.2413⟩：

3. 知识说明

(1)指定拉伸的高度：按指定的高度拉伸出三维建模对象。输入高度值后，根据实际需要，指定拉伸的倾斜角度。如果指定的角度为0°，AutoCAD则将二维对象按指定的高度拉伸成柱体；如果输入角度值，拉伸后建模截面沿拉伸方向按此角度变化，成为一个棱台或圆台体。图6-13所示为不同角度拉伸圆的结果。

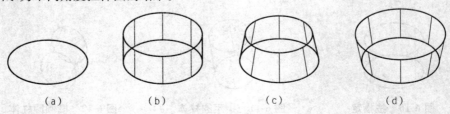

(a)   (b)   (c)   (d)

图6-13 拉伸圆

(a)拉伸前；(b)拉伸锥角0°；(c)拉伸锥角为10°；(d)拉伸锥角为−10°

（2）方向（D）：通过指定的两点确定拉伸的长度和方向。

（3）路径（P）：以现有的图形对象作为拉伸创建三维模型对象。图 6-14 所示为沿圆弧曲线路径拉伸圆的结果。

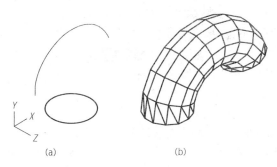

（a） （b）

图 6-14　沿圆弧曲线路径拉伸圆

（4）倾斜角（T）：用于拉伸的倾斜角是两个指定点之间的距离。

（5）表达式（E）：用于公式或方程式以指定拉伸高度。

六、旋转

旋转是指一个平面图形围绕某个轴转过一定角度形成实体的过程。

1. 执行方式

（1）在菜单栏中选择"绘图"→"建模"→"旋转"命令。

（2）在工具栏选择"建模"→"旋转" 命令。

（3）在功能区选择"三维工具"→"建模"→"旋转" 命令。

（4）在命令行中输入"REVOLVE"后按"Enter"键。

2. 操作步骤

命令：REVOLVE

当前线框密度：ISOLLNES= 4，闭合轮廓创建模式= 实体

选择要旋转的对象或[模式(MO)]：　　　　　　（选择绘制好的二维对象）

选择要旋转的对象或[模式(MO)]：　　　　　　（继续选择对象或按"Enter"键结束选择）

指定轴启动点或根据以下选项之一定义轴[对象(O)/X/Y/Z]〈对象〉：

3. 选项说明

（1）指定轴起点：通过两个点来定义旋转轴。AutoCAD 按指定的角度和旋转轴旋转二维对象。

（2）对象（O）：选择已经绘制好的直线或用"多段线"命令绘制的直线段作为旋转轴线。

（3）X/Y/Z 轴：将二维对象绕当前坐标系（UCS）的 X、Y、Z 轴旋转。图 6-15 所示为矩形平面绕 X 轴旋转的结果。

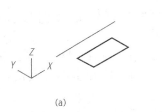

（a） （b）

图 6-15　旋转体

（a）旋转界面；（b）旋转后的建模

七、扫掠

扫掠是指某平面轮廓沿着某个指定的路径扫描过的轨迹形成三维实体的过程。拉伸是以拉

伸对象为主体，以拉伸实体从拉伸对象所在的平面位置为基准开始生成；扫掠是以路径为主体，即扫掠实体从路径所在的位置开始生成，并且路径可以是空间曲线。

1. 执行方式

（1）在菜单栏中选择"绘图"→"建模"→"扫掠"命令。

（2）在工具栏选择"建模"→"扫掠" 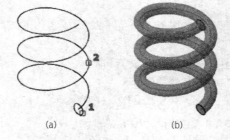 命令。

（3）在功能区选择"三维工具"→"建模"→"旋转" 命令。

（4）在命令行中输入"SWEEP"后按"Enter"键。

2. 操作步骤

命令：SWEEP

当前线框密度：ISOLLNES= 4，闭合轮廓创建模式= 实体

选择要扫掠的对象或[模式(MO)]：　　　　　　　　　　　　（选择对象，选择图 6-16(a)
　　　　　　　　　　　　　　　　　　　　　　　　　　　　中的圆）

选择要扫掠的对象或[模式(MO)]：

选择扫掠路径或[对齐(A)/基点(B)/比例(S)/扭曲(T)]：　　（选择对象，选择图 6-16(a)
　　　　　　　　　　　　　　　　　　　　　　　　　　　　中的螺旋线）

扫掠结果如图 6-16(b)所示。

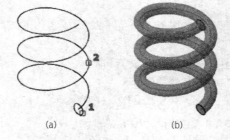

(a)　　　　　　　　　　(b)

图 6-16　扫掠对象和扫掠结果

3. 选项说明

（1）对齐(A)。指定是否对齐轮廓以使其作为扫掠路径切向的法向。在默认情况下，轮廓是对齐的。

（2）基点(B)。指定要扫掠对象的基点。如果指定的点不在选定对象所在的平面上，则该点将被投影到该平面上。

（3）比例(S)。指定比例因子以进行扫掠操作。从扫掠路径的开始到结束，比例因子将统一应用到扫掠的对象上。

（4）扭曲(T)。设置正被扫掠对象的扭曲角度。扭曲角度指定沿扫掠路径全部长度的旋转量。

其中，"倾斜(B)"选项指定被扫掠的曲线是否沿三维扫掠路径(三维多线段、三维样条曲线或螺旋线)自然倾斜(旋转)。

图 6-17 所示为扭曲扫掠示意。

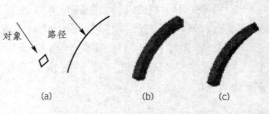

(a)　　　　　　(b)　　　　(c)

图 6-17　扭曲扫掠

(a)对象和路径；(b)不扭曲；(c)扭曲 45°

八、放样

放样是指按指定的导向线生成实体的过程，使实体的某几个截面形状正好是指定的平面图形形状。

1. 执行方式

(1)在菜单栏中选择"绘图"→"建模"→"放样"命令。

(2)在工具栏选择"建模"→"放样" 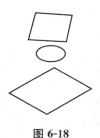 命令。

(3)在功能区选择"三维工具"→"建模"→"旋转" 命令。

(4)在命令行中输入"SWEEP"后按"Enter"键。

2. 操作步骤

命令：loft

当前线框密度： ISOLINES= 4，闭合轮廓创建模式= 实体

按放样次序选择横截面或[点(PO)/合并多条边(J)/模式(MO)]：找到 1 个

                                              (依次选择图 6-18 中的 3 个截面)

按放样次序选择横截面或[点(PO)/合并多条边(J)/模式(MO)]：找到 1 个，总计 2 个

按放样次序选择横截面或[点(PO)/合并多条边(J)/模式(MO)]：找到 1 个，总计 3 个

按放样次序选择横截面或[点(PO)/合并多条边(J)/模式(MO)]：选中 3 个横截面输入选项[导向(G)/路径(P)/仅横截面(C)/设置(S)]〈仅横截面〉

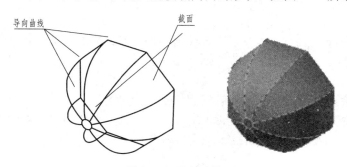

图 6-18

3. 选项说明

(1)导向(G)：指定控制放样建模或曲面形状的导向曲线。导向曲线是直线或曲线，可以通过将其他线框信息添加到对象来进一步定义建模或曲面的形状，如图 6-19 所示。

图 6-19　导向放样

(2)路径(P)：指定放样建模或曲面的单一路径。

（3）仅横截面(C)：选择改选项，系统弹出"放样设置"对框，如图6-20所示。其中有4个单选按钮：图6-21(a)所示为选中"直纹"单选按钮的放样结果示意；图6-21(b)所示为选中"平滑拟合"单选按钮的放样结果示意；图6-21(c)所示为选中"法线指向"单选按钮并选择"所有横截面"选项的放样结果示意；图6-21(d)所示为选中"拔摸斜度"单选按钮并设置起点角度为45°、起点幅值为10、端点角度为60°、端点幅值为10的放样结果示意。

图6-20 "放样设置"对话框

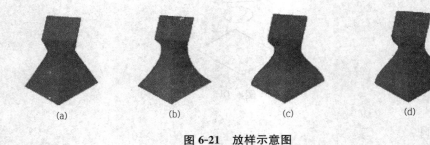

(a) (b) (c) (d)

图6-21 放样示意图

九、拖曳

拖曳实际上是一种三维实体对象的夹点编辑方法，通过拖曳三维实体上的夹持点来改变三维实体的形状。

1. 执行方式

（1）在工具栏选择"建模"命令，按住鼠标左键并拖动物体。

（2）在功能区选择"三维工具"→"实体编辑"命令，按住鼠标左键并拖动物体。

（3）在命令行中输入"PRESSPULL"后按"Enter"键。

2. 操作步骤

命令：PRESSPULL

单击有限区域，以进行按住并拖动操作。

选择有限区域后，按住鼠标左键并拖动，相应的区域就会进行拉伸变形。图6-22所示为选择圆台上表面，按住并拖动的结果。

(a)　　　　　　　　　(b)　　　　　　　　　(c)

图 6-22　按住并拖动

第三节　三维编辑功能

一、倒角边

三维绘制中的"倒角"命令与二维绘制中的"倒角"命令相同，但执行方法略有差别。

1. 执行方式

(1)在菜单栏选择"修改"→"实体编辑"→"倒角边"命令。

(1)在工具栏单击"实体编辑"→"倒角边"按钮 。

(2)在功能区单击"三维工具"→"实体编辑"→"倒角边"按钮 。

(3)在命令行中输入"CHAMFEREDGE"后按"Enter"键。

2. 操作步骤

命令：CHAMFEREDGE

距离 1= 1.0000, 距离 2= 30.9168

选择一条边或［环(L)/距离(D)］：

3. 选项说明

(1)选择一条边。选择建模的一条边，此选项为系统的默认选项。选择某一条边以后，边就变成虚线。

(2)环(L)。如果选择"环(L)"选项，则对一个面上的所有边建立倒角。

(3)距离(D)。如果选择"距离(D)"选项，则输入倒角距离。

图 6-23 所示为长方体倒角的结果。

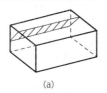　　　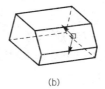　　　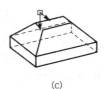

(a)　　　　　　　　　(b)　　　　　　　　　(c)

图 6-23　对长方体倒角

(a)选择倒角边；(b)选择边倒角结果；(c)选择环倒角结果

二、圆角边

三维图形绘制中的"圆角"命令与二维图形绘制中的"圆角"命令相同，但执行方法略有差别。

1. 执行方式

(1)在菜单栏选择"修改"→"实体编辑"→"圆角边"命令。

(2)在工具栏选择"实体编辑"→"圆角边"按钮 。

(3)在功能区选择"三维工具"→"实体编辑"→"圆角边"按钮 。

(4)在命令行中输入"FILLETEDGE"后按"Enter"键。

2. 操作步骤

命令：FILLETEDGE

半径= 1.0000

选择边或[链(C)/环(L)/半径(R)]：

已选定 1 个边用于圆角。

按[Enter]键接受圆角或[半径(R)]：

3. 选项说明

选择"链(C)"选项，表示与此边相邻的边都被选中，并进行倒圆角的操作。图 6-24 显示了对模型棱边倒圆角的结果。

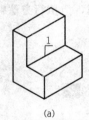 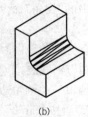 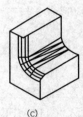

(a)　　　　　　　　　　(b)　　　　　　　　　　(c)

图 6-24　对模型棱边倒圆角

(a)选择倒圆角边 1；(b)边倒圆角结果；(c)链倒圆角结果

三、三维阵列

1. 执行方式

(1)在菜单栏选择"修改"→"三维操作"→"三维阵列"命令。

(2)在工具栏单击"建模"→"三维阵列"按钮 。

(3)在命令行中输入"3DARRAY"后按"Enter"键。

2. 操作步骤

命令：3DARRAY

选择对象：　　　　　　　　　(选择要阵列的对象)

选择对象：　　　　　　　　　(选择下一个对象或按"Enter"键)

输入阵列类型[矩形(R)/环形(P)]〈矩形〉：

3. 选项说明

(1)矩形(R)。对图形进行矩形整列复制，是系统的默认选项。

(2)环形(P)。对图形进行环形阵列复制。

图 6-25 所示为 3 层、3 行、3 列间距分别为 300 的圆柱的矩形阵列。图 6-26 所示为圆柱的环形阵列。

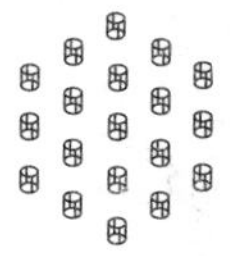

图 6-25 三维图形的矩形阵列　　　　**图 6-26 三维图形的环形阵列**

四、三维镜像

1. 执行方式

(1)在菜单栏选择"修改"→"三维操作"→"三维镜像"命令。

(2)在命令行输入"MIRROR3D"后按"Enter"键。

2. 操作步骤

命令：MIRROR3D

选择对象：　　　　　　　　　(选择要镜像的对象)

选择对象：　　　　　　　　　(选择下一个对象或按"Enter"键)

指定镜像平面(三点)的第一个点或[对象(O)/最近的(L)/Z 轴(Z/视图(V)/XY 平面(XY)/YZ 平面(YZ)/ZX 平面(ZX)/三点]〈三点〉：

在镜像平面上指定第一点：

3. 选项说明

(1)指定镜像平面(三点)的第一个点：输入镜像平面上点的坐标。该选项通过 3 个点确定镜像平面，是系统的默认选项。

(2)最近的(L)：相对于最后定义的镜像平面对选定的对象进行镜像处理。

(3)Z 轴(Z)：利用指定的平面作为镜像平面。

(4)视图(V)：指定一个平行于当前视图的平面作为镜像平面。

(5)XY 平面(XY)/YZ 平面(YZ)/ZX 平面(ZX)：指定一个平行于当前坐标系的 XY、YZ、ZX 平面作为镜像平面。

五、对齐对象

1. 执行方式

(1)在菜单栏选择"修改"→"三维操作"→"对齐"命令。

(2)在命令行输入"ALIGN"后按"Enter"键。

2. 操纵步骤

命令：ALIGN

选择对象：

选择对象：

指定一对、两对或三对点，将选定对象对齐

指定第一个源点：　　　　　　(选择点 1)

指定第二个目标点：　　　　　　(选择点 2)

指定第二个源点：

对齐结果如图 6-27 所示，两对点和三对点与一对点的情形类似。

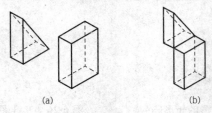

图 6-27　一点对齐图

(a)对齐前；(b)对齐后

第四节　建筑三维模型制作与渲染

一、建筑三维模型制作

本节以创建建筑物墙体造型为例进行介绍。

(1)设置当前图层为"建筑—三维—墙体"。

(2)单击绘图区左上角"视图控件"按钮[-][俯视][二维线框]，选择"俯视"命令，从弹出的菜单中切换"东南等轴测"视图。

(3)单击"建模"工具条上的"多段体"按钮，进行墙体创建，命令提示及操作如下：

命令: _ Polysolid

高度= 80, 宽度= 5, 对正= 居中

指定起点或[对象(O)/高度(H)/宽度(W)/对正(J)]〈对象〉：W　　（输入"W"修改宽度）

指定宽度〈5〉：240

高度= 80, 宽度= 240, 对正= 居中

指定起点或[对象(O)/高度(H)/宽度(W)/对正(J)]〈对象〉：H　　（输入"H"修改高度）

指定高度〈80〉：19500　　　　　　　　　　　　　　（结合前面绘制的立面图可知）

高度= 19500, 宽度= 240, 对正= 居中

指定起点或[对象(O)/高度(H)/宽度(W)/对正(J)]〈对象〉：J

输入对正方式[左对正(L)/居中(C)/右对正(R)]〈居中〉：C

高度= 19500, 宽度= 240, 对正= 居中

指定起点或[对象(O)/高度(H)/宽度(W)/对正(J)]〈对象〉：　　（单击选取外墙左下角轴线的
　　　　　　　　　　　　　　　　　　　　　　　　　　　　交点）

指定下一个点或[圆弧(A)/放弃(U)]：　　　　　　　　　　（沿外墙依次捕捉外墙角轴线的
　　　　　　　　　　　　　　　　　　　　　　　　　　　　交点，最后输入"C"进行封闭）

绘制结果如图 6-28 所示，完成墙体的绘制。

(4)单击绘图区左上角"视图控件"按钮[-][俯视][二维线框]，选择"东南等轴测"选项，从弹出的菜单中切换"俯视"视图。

(5)单击"建模"工具条上的"长方体"按钮，在图 6-29 中门窗洞口位置捕捉洞口的左下角

的交点依次建立三个长方体，长度×宽度×高度分别为 1 800×500×1 800、1 500×500×2 600、2 400×500×2 600。

（6）执行"移动（M）"命令，将三个长方体向下移动 130，结果如图 6-30 所示。

（7）执行"镜像（MI）"命令，将三个长方体以单元中线为镜像轴进行镜像，结果如图 6-31 所示。

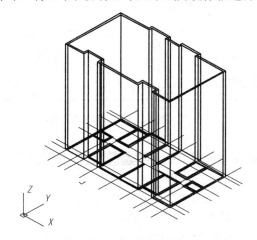

图 6-28　创建墙体

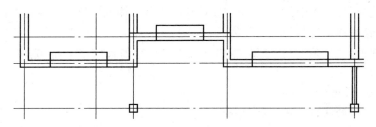

图 6-29　创建门窗洞口的长方体

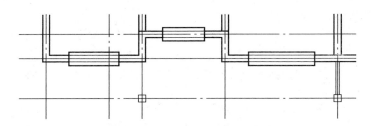

图 6-30　移动门窗洞口的长方体

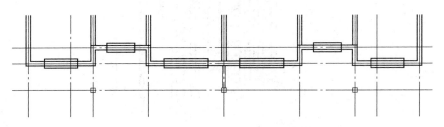

图 6-31　镜像门窗洞口的长方体

(8)单击绘图区左上角"视图控件"按钮 [一][俯视][二维线框] ，选择"俯视"命令，从弹出的菜单中切换"前视"视图。

(9)执行"移动(M)"命令，将中间的四个长方体向上移动 600，将两边的两个长方体向上移动 1 400，结果如图 6-32 所示。

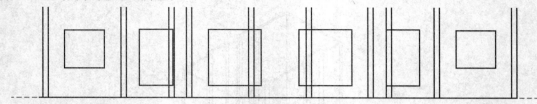

图 6-32　移动门窗洞口的长方体

(10)单击绘图区左上角"视图控件"按钮 [一][俯视][二维线框] ，选择"前视"命令，从弹出的菜单中切换"俯视"视图。

(11)执行菜单栏"修改"→"三维操作"→"三维阵列"命令，将 6 个长方体进行三维阵列。设定参数为：行数 1、列数 1、层数 6、层间距 3 000。

(12)按照上述方法在右侧山墙创建长度×宽度×高度为 500×900×1 800 的长方体，然后向上移动 1 400，最后将长方体三维阵列 6 层。

(13)单击"建模"工具条上的"并集"按钮 ◎ 或在命令行输入"UNI"，执行"并集"命令，然后选择所有创建的长方体，使其合并为一体。

(14)单击"建模"工具条上的"差集"按钮 ◎ 或在命令行输入"SU"，即可执行"差集"命令。命令行提示及操作如下：

命令: _ subtract
选择要从中减去的实体、曲面和面域...
选择对象：　　　　　　　　　　　　　　　　（选择创建的墙体）
选择对象：　　　　　　　　　　　　　　　　（按"Enter"键结束选择）
选择要减去的实体、曲面和面域...
选择对象：　　　　　　　　　　　　　　　　（选择被合并的长方体）
选择对象：　　　　　　　　　　　　　　　　（按"Enter"键结束）

完成墙体门洞的抠挖，然后执行"消隐(HIDE)"命令，结果如图 6-33 所示。

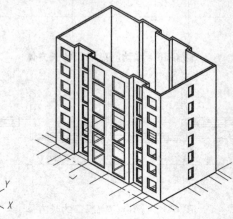

图 6-33　抠挖门窗洞口

二、简单渲染

（1）执行菜单栏"视图"→"创建相机"命令进行相机创建，并调整到合适的视角。

（2）执行菜单栏"视图"→"渲染"→"高级渲染设置"命令，打开"高级渲染设置"选项板，如图 6-34 所示。修改"输出尺寸"为"4 000×3 000"，其余参数保持默认设置不变，然后单击右上角的"渲染"按钮 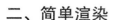，经过一定时间运算渲染，最后保存图形。

本次所建模型最后渲染的效果如图 6-35 所示。

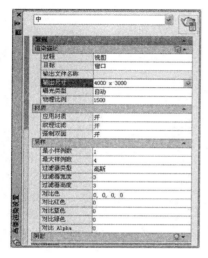

图 6-34 "高级渲染设置"选项板

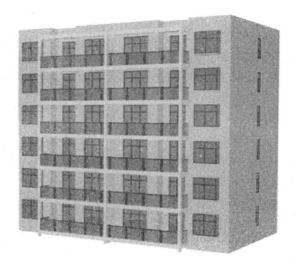

图 6-35 模型渲染效果

本章小结

本章主要介绍三维绘图的基本概念、创建三维几何体、三维编辑功能、建筑三维模型制作与渲染。

对三维造型而言，不同的角度和观点观察的效果完全不同。为了以合适的角度观察图形，需要设置观察的视点。使用视图控制器功能可以方便地转换方向视图。视口是用于绘制图形、显示图形的区域。

复杂的三维实体都是由最基本的实体单元（如长方体、圆柱体等）通过各种方式组合而成的。三维实体编制主要是对三维物体进行编辑，主要内容包括倒角边、圆角边、三维阵列、三维镜像、对齐对象等。

建筑三维模型制作与渲染是对三维图形对象加上颜色和材质因素，或灯光、背景、场景等因素的操作，能够更真实地表达图形的外观和纹理。

思考与练习

1. 视图的切换主要有哪几种方法？

2. 视口的分割与合并具体有哪几种方法？

3. AutoCAD 中使用的模型有哪些？模型的作用有哪些？

4. 创建多段体的执行方式有哪些？

5. 简述拉伸、旋转的执行方式。

6. 什么是放样？放样的执行方式有哪些？

7. 三维图形绘制中的"倒角"命令与二维图形绘制中的"倒角"命令在执行方法上有哪些差别？

第七章　图形的输入与打印

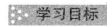　学习目标　

　　通过对本章内容的学习，熟悉模型空间和图纸空间的切换方法，掌握打印样式的设置方法，掌握打印输出操作方式。

　教学重点　

1. 模型空间与图纸空间的切换。
2. 创建和管理布局。
3. 配置打印机。
4. 打印输出。

第一节　模型空间和图纸空间

一、模型空间与图纸空间的切换

（一）"模型"选项卡

　　"模型"选项卡提供了一个无限的绘图区，称为模型空间，即绘图空间。在模型空间中，可以按1∶1的比例绘制模型，并可以查看和编辑模型，如图7-1所示。

（二）布局选项卡

　　布局选项卡提供了一个图纸空间。在图纸空间中，可以放置标题栏、创建用于显示视图的布局视口、标注图形以及添加注释。

　　默认情况下，新图形最开始有两个布局选项卡，即"布局1"和"布局2"。如果使用图形样板或打开现有图形，图形中布局选项卡可能以不同名称命名，如图7-2所示。

二、创建和管理布局

　　默认情况下，新图形具有名为"布局1"和"布局2"的两个布局，用户可以对其重命名，还可以添加新布局或复制现有布局。创建布局可以使用"创建布局"向导或"设计中心"进行。每个布

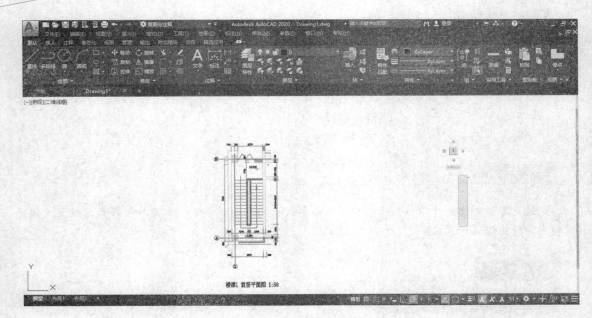

图 7-1　"模型"选项卡

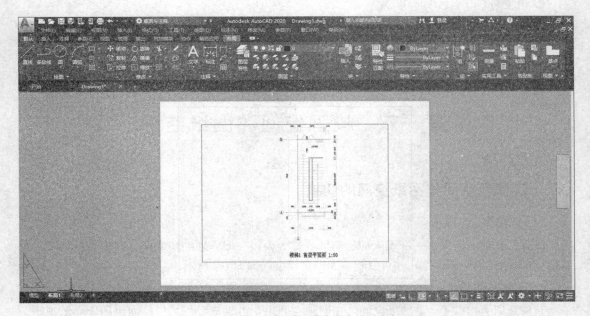

图 7-2　"布局"选项卡

局都可以包含不同的页面设置。为了避免在转换和发布图形时出现混淆,通常建议每个图形只创建一个布局。

　　在每个布局中,可以根据需要创建多个布局视口。每个布局视口类似模型空间中的相框,包含按用户指定的比例和方向显示模型的视图。可以创建布满整个布局的单一布局视口,也可以创建多个布局视口。一旦创建了视口,就可以更改其大小、特性和比例,还可以按需要对其进行移动。用户也可以指定在每个布局视口中可见的图层。

(一)创建布局

1. 执行方式

(1)在菜单栏中选择"插入"→"布局"→"新建布局"命令，如图 7-3 所示。

图 7-3　创建布局菜单

(2)在"布局"工具栏中单击"布局"按钮，如图 7-4 所示。

(3)在命令行输入"LAYOUT"后按"Enter"键。

2. 操作格式

按上述任意一种方式操作后，命令行提示如下：

命令：_layout

输入布局选项[复制(C)/删除(D)/新建(N)/样板(T)/重命名(R)/另存为(SA)/设置(S)/?]〈设置〉：_new

图 7-4　"布局"按钮

输入新布局名〈布局 3〉：

根据需要输入新布局的名称后，按"Enter"键或单击鼠标右键，或采用尖括号中默认名称并直接按"Enter"键或单击鼠标右键确认，则在布局选项卡中增加新的布局选项卡，创建新布局。也可以在已有的布局选项卡上单击鼠标右键，在弹出的快捷菜单中选择"新建布局"命令，则直接以默认名称创建新布局选项卡。

另外，用户还可以使用"设计中心"将布局及其对象从任意图形拖动到当前图形中。具体方法及步骤如下：

(1)在功能区"视图"选项卡"选项板"面板中单击"设计中心"按钮。

(2)系统将弹出"设计中心"选项板，在其左侧的树状图中查找包含要重复使用的布局的图形。

(3)双击选中的图形名称，将展开其下面的选项。选择"布局"选项，在内容区显示单独的布局。

(4)使用以下方法将布局插入当前图形中：

1)将布局图标从内容区拖至图形中。

2)选择内容区的布局，然后单击鼠标右键，在弹出的快捷菜单中选择"添加布局"命令。

3)在内容区的布局上双击鼠标。

此时将创建新的布局，其中包括来自原布局的所有图纸空间对象、定义表和块定义。

(二)改变布局名称

若要改变新布局名称，在新的布局选项卡上单击鼠标右键，在弹出的快捷菜单中选择"重命名"选项，在该位置输入新的名称后按"Enter"键即可。

第二节　打印样式

打印样式是一种对象特性，通过对不同对象指定不同的打印样式，控制不同的打印效果。利用打印样式管理命令，除可以对打印样式进行编辑和管理外，还可以创建新的打印样式。

一、执行方式

(1)在菜单栏中选择"文件"→"打印样式管理器"命令，如图 7-5 所示。

(2)在命令行输入"STYLESMANAGER"后按"Enter"键或单击鼠标右键确认。

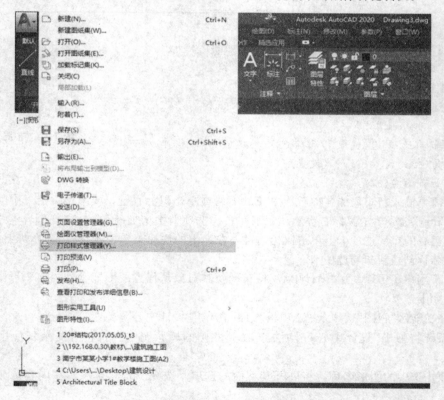

图 7-5　"打印样式管理器"命令

二、操作格式

(1)按上述任意一种方式操作后，系统弹出如图 7-6 所示的文件管理窗口对话框。双击"添加打印样式表向导"图标即可启动向导，此时弹出如图 7-7 所示的"添加打印样式表"对话框。

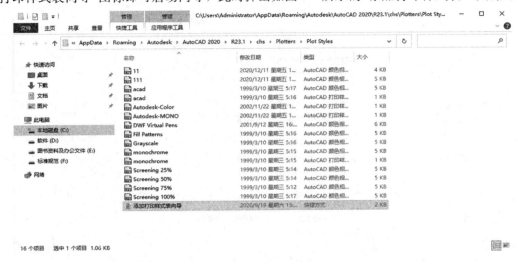

图 7-6 文件管理窗口

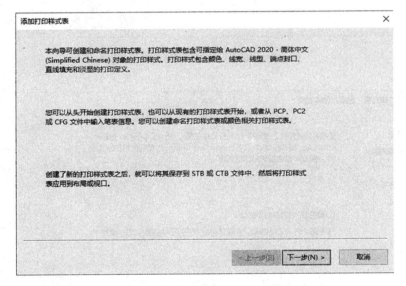

图 7-7 "添加打印样式表"对话框

（2）在"添加打印样式表"对话框中单击"下一步"按钮，进入"添加打印样式表-开始"对话框，选中"创建新打印样式表"单选按钮（默认），如图 7-8 所示。

（3）单击"下一步"按钮，进入"添加打印样式表-选择打印样式表"对话框，如图 7-9 所示。在对话框中选中"命名打印样式表"单选按钮，将创建一个命名打印样式表。

（4）单击"下一步"按钮，进入"添加打印样式表-文件名"对话框，如图 7-10 所示。在"文件名"文本框中输入打印样式文件的名称"立面图"，单击"下一步"按钮，进入如图 7-11 所示的"添加打印样式表-完成"对话框。

（5）单击"完成"按钮，结束"添加打印样式表向导"程序，此时在打印样式管理器中新添了文件名为"立面图"的打印样式文件，如图 7-12 所示。

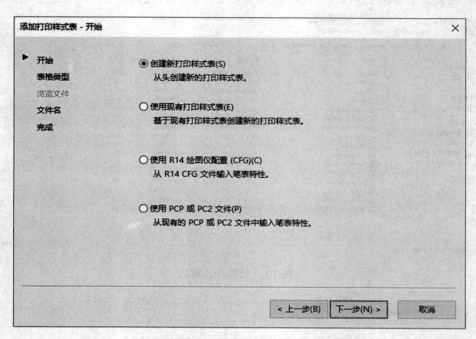

图 7-8 "添加打印样式表-开始"对话框

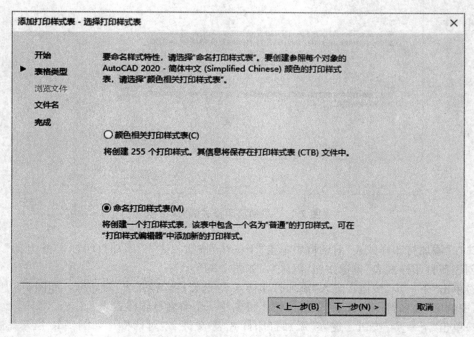

图 7-9 "添加打印样式表-选择打印样式表"对话框

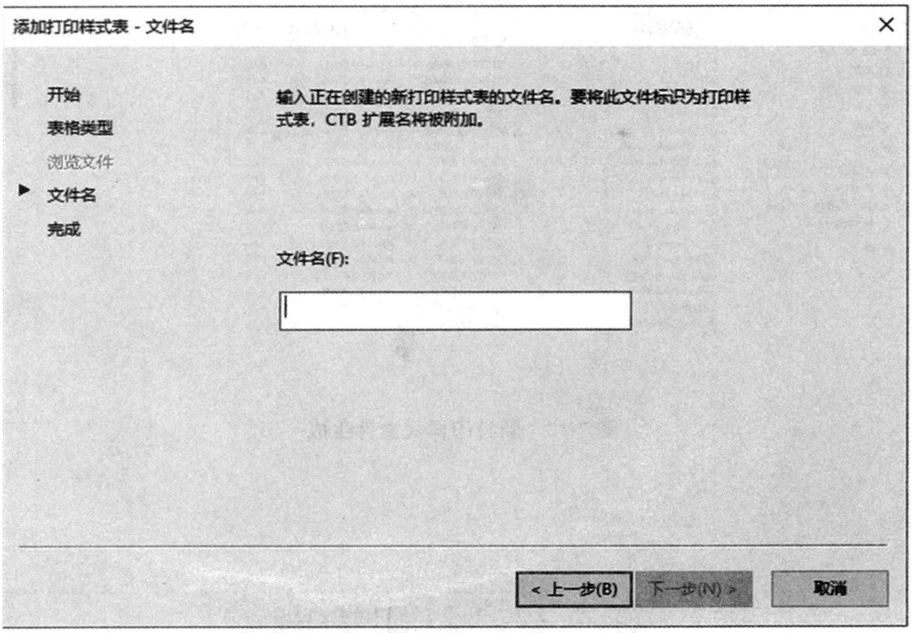

添加打印样式表 - 文件名 ✕

开始
表格类型
浏览文件
▶ 文件名
完成

输入正在创建的新打印样式表的文件名。要将此文件标识为打印样式表，CTB 扩展名将被附加。

文件名(F):

[   ]

< 上一步(B) 下一步(N) > 取消

图 7-10 "添加打印样式表-文件名"对话框

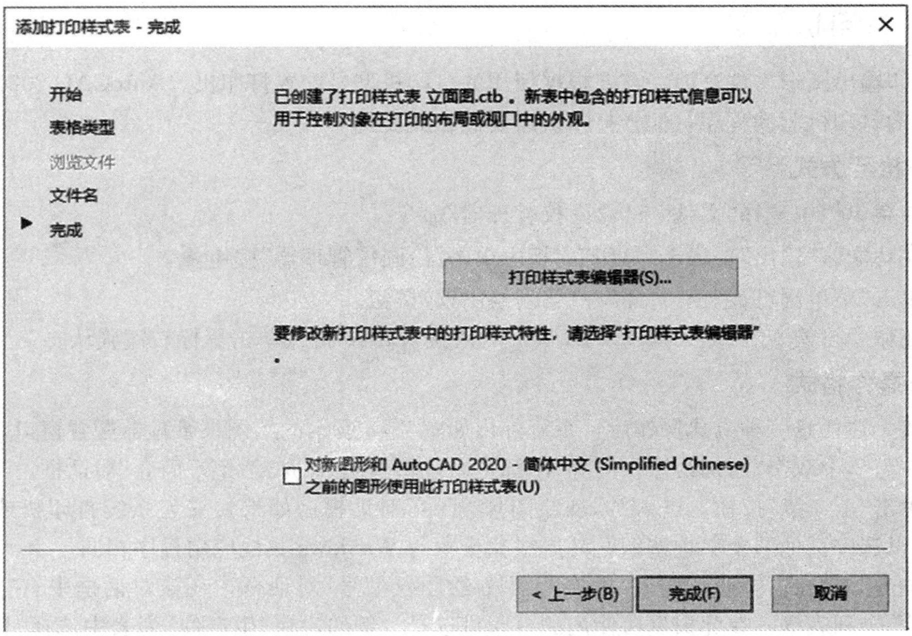

添加打印样式表 - 完成 ✕

开始
表格类型
浏览文件
文件名
▶ 完成

已创建了打印样式表 立面图.ctb 。新表中包含的打印样式信息可以用于控制对象在打印的布局或视口中的外观。

打印样式表编辑器(S)...

要修改新打印样式表中的打印样式特性，请选择"打印样式表编辑器"。

☐ 对新图形和 AutoCAD 2020 - 简体中文 (Simplified Chinese) 之前的图形使用此打印样式表(U)

< 上一步(B) 完成(F) 取消

图 7-11 "添加打印样式表-完成"对话框

图 7-12　新打印样式文件生成

第三节　打印输出

一、打印机配置

在打印输出图形文件之前，需要根据使用的打印机型号配置打印机。AutoCAD 2020 提供了许多常用的打印机驱动程序，配置打印机需要做相关设置。

(一)执行方式

(1)在菜单栏中选择"文件"→"绘图仪管理器"命令。

(2)在功能区"输出"选项卡"打印"面板中单击"绘图仪管理器"按钮📇。

(3)单击"菜单浏览器"→"打印"→"管理绘图仪"按钮。

(4)在命令行输入"PLOTTERMANAGER"后按"Enter"键或单击鼠标右键确认。

(二)操作格式

(1)按上述任意一种方式操作后，系统弹出如图 7-13 所示的绘图仪管理器配置窗口。

(2)在窗口中双击"添加绘图仪向导"图标，系统将弹出"添加绘图仪-简介"对话框。

(3)单击"下一步"按钮，进入"添加绘图仪-开始"对话框。如果要安装系统打印机或网络绘图仪，可以选中其他两个单选按钮，其方法和步骤与 Windows 其他应用程序相同。

(4)单击"下一步"按钮，进入"添加绘图仪-绘图仪型号"对话框，在该对话框中有"生产商"和"型号"两个列表框，在此根据所使用的打印机选择，例如，在"生产商"列表中选择"HP"，在"型号"列表框中选择"7475A"，表示将添加 HP7475A 打印机。

(5)单击"下一步"按钮，进入"添加绘图仪-输入 PCP 或 PC2"对话框，可以插入在以前版本中已定义的 PCP 或 PC2 打印配置软件。

(6)单击"下一步"按钮，进入"添加绘图仪-端口"对话框，设置合适的端口。一般情况下，

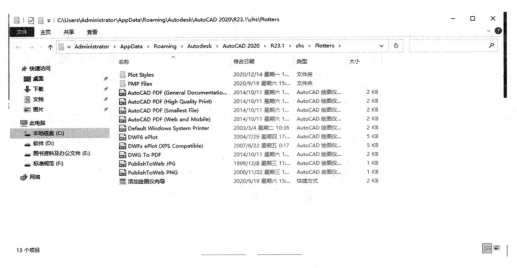

图 7-13　绘图仪管理器配置窗口

用户不要更改绘图仪的初始位置。

(7)单击"下一步"按钮，进入"添加绘图仪-绘图仪名称"对话框。

(8)单击"下一步"按钮，进入"添加绘图仪-完成"对话框，设置"编辑绘图仪配置"和"校准绘图仪"。设置完毕后，单击"完成"按钮，结束绘图仪驱动程序的安装。

二、打印出图

(一)打印设置

在菜单栏中选择"文件"→"打印"命令，或在"标准"工具栏中单击"打印"按钮 🖨 ，或依次单击"菜单浏览器"→"打印"→"打印"按钮，或在命令行中输入"PLOT"后按"Enter"键，系统将弹出如图 7-14 所示的"打印模型"对话框。

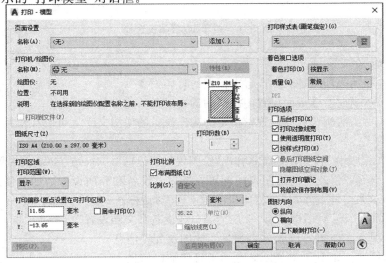

图 7-14　"打印模型"对话框

1. "页面设置"选项组

在图 7-14 所示的"页面设置"选项组中，列出图形中已命名或已保存的页面设置，可以将图形中保存的命名页面设置作为当前页面设置，也可以在"打印"对话框中单击"添加"按钮，系统将弹出"添加页面设置"对话框，基于当前设置创建一个新的命名页面，如图 7-15 所示。"名称"是显示当前页面设置的名称。从"添加页面设置"对话框中可以将"打印"对话框中的当前设置保存到命名页面设置，也可以通过页面设置管理器修改此页面设置。通常此项不做设置。

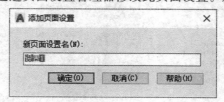

图 7-15　"添加页面设置"对话框

2. "打印机/绘图仪"选项组

在图 7-14 所示的"打印机/绘图仪"选项组中，可以指定打印布局时使用已配置的打印设备。如果选定绘图仪不支持布局中选定的图纸尺寸，将显示警告，用户可以选择绘图仪的默认图纸尺寸或自定义图纸尺寸。在"名称"栏的下拉列表中列出了可用的 PC3 文件或系统打印机，可以从中进行选择，以打印当前布局。通过设备名称前面的图标可识别其为 PC3 文件还是系统打印机。单击选择与用户所用打印设置一致的设备名称（打印机或绘图仪），则在所列各项中对应显示相应内容，如图 7-16 所示。

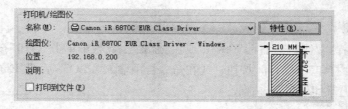

图 7-16　打印机/绘图仪选择

其中各选项含义如下：

（1）绘图仪。显示当前所选页面设置中指定的打印设备。

（2）位置。显示当前所选页面设置中指定的输出设备的物理位置。

（3）说明。显示当前所选页面设置中指定的输出设备的说明文字。可以在绘图仪配置编辑器中编辑此文字。

（4）特性。单击"特性"按钮，系统将弹出"绘图仪配置编辑器"对话框（PC3 编辑器），如图 7-17 所示，从中可以查看或修改当前绘图仪的配置、端口、设备和介质设置。如果使用绘图仪配置编辑器更改 PC3 文件，将显示"修改打印机配置文件"对话框。

"绘图仪配置编辑器"对话框共有"常规""端口""设备和文档设置"三个选项卡。

1）"常规"选项卡。如图 7-17 所示，显示了绘图仪配置信息。

2）"端口"选项卡。如图 7-18 所示，显示了打印端口信息。

图 7-17 "绘图仪配置编辑器"对话框

图 7-18 "端口"选项卡

3)"设备和文档设置"选项卡。如图 7-19 所示，控制绘图仪配置（PC3）文件中的许多设置，单击任意节点的图标以查看并更改其设置。如果更改了设置，所做更改将出现在设置名旁边的尖括号"〈 〉"中。修改过其值的节点图标上还会显示一个复选标记。

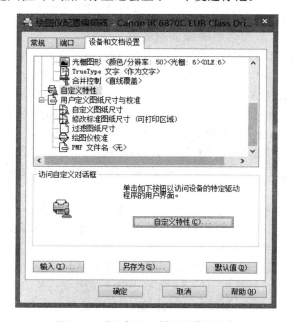

图 7-19 "设备和文档设置"选项卡

其中"自定义特性"按钮，可以修改绘图仪配置的特定设备特性。每一种绘图仪的设置各不相同。如果绘图仪制造商没有为设备驱动程序提供"自定义特性"对话框，则"自定义特性"按钮不可用。

"输入"按钮：从程序的早期版本中输入文件信息。如果用户拥有来自早期版本的 PCP 或

PC2 文件，则可将这些文件中的某些信息输入 PC3 文件中。PC3 文件存储绘图仪名称、端口信息、笔优化等级、图纸尺寸和分辨率。

"另存为"按钮：用新文件名保存 PC3 文件。

"默认值(D)"按钮：将"设备和文档设置"选项卡上的设置恢复到默认设置。

3. "图纸尺寸"选项组

在图 7-14 所示的"图纸尺寸"选项组，将显示所选打印设备可用的标准图纸尺寸。如果未选择绘图仪，将显示全部标准图纸尺寸的列表以供选择。如果所选绘图仪不支持布局中选定的图纸尺寸，将显示警告，用户可以选择绘图仪的默认图纸尺寸或自定义图纸尺寸。使用"添加绘图仪"向导创建 PC3 文件时，将为打印设备设置默认的图纸尺寸。在"页面设置"对话框中选择的图纸尺寸将随布局一起保存，并将替代 PC3 文件设置。页面的实际可打印区域(取决于所选打印设备和图纸尺寸)在布局中由虚线表示。

4. "打印区域"选项组

在图 7-14 所示的"打印区域"选项组中，确定所需打印的图形范围。在"打印范围"下，可以采用以下方式选择打印的图形区域(图 7-20)：

(1)布局/图形界限。打印布局时，将打印指定图纸尺寸的可打印区域内的所有内容，其原点从布局中的(0，0)点计算得出。从"模型"选项卡打印时，将打印栅格界限定义的整个绘图区域。如果当前视口不显示平面视图，则该选项与"范围"选项效果相同。

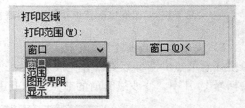

图 7-20 "打印区域"选项组

(2)范围。打印包含对象的图形的部分当前空间。当前空间内的所有几何图形都将被打印。打印之前，可能会重新生成图形以重新计算范围。

(3)显示。打印选定的"模型"选项卡当前视口中的视图或布局中的当前图纸空间视图。

(4)视图。打印以前使用 VIEW 命令保存的视图。可以从列表中选择命名视图。如果图形中没有已保存的视图，则此选项不可用。选中"视图"选项后，将显示"视图"列表，列出当前图形中保存的命名视图，可以从此列表中选择视图进行打印。

(5)窗口。打印指定的图形部分。如果选择"窗口"选项，则"窗口"按钮将成为可用按钮。单击"窗口"按钮以使用定点设备指定要打印区域的两个角点，或输入坐标值确定打印范围。

5. "打印偏移"选项组

根据"指定打印偏移时相对于"选项("选项"对话框，"打印和发布"选项卡)中的设置，指定打印区域相对于可打印区域左下角或图纸边界的偏移。在图 7-14 所示的"打印"对话框的"打印偏移"选项组中显示了包含在括号中的指定打印偏移选项。

图纸的可打印区域由所选输出设备决定，在布局中以虚线表示。更改为其他输出设备时，可能会更改可打印区域。通过在"X"和"Y"文本框中输入正值或负值，可以偏移图纸上的几何图形。采用居中打印时自动计算 X 偏移和 Y 偏移值，在图纸上居中打印。当"打印区域"设定为"布局"时，"居中打印"复选框不可用。

6. "打印比例"选项组

如图 7-14 所示的"打印比例"选项组用于控制图形单位与打印单位之间的相对尺寸。打印布局时，默认缩放比例设置为 1：1。从"模型"选项卡打印时，默认设置为"布满图纸"。

(二)打印输出

打印机设置完成后，在图 7-14 所示的"打印"对话框中单击左下角的"预览"按钮，可预览图形打印情况。如满足要求，则单击鼠标右键，选择快捷菜单中的"打印"命令，如图 7-21 所示，可按要求打印图形；如不满足要求，则单击鼠标右键，选择快捷菜单中"退出"命令，返回到"打印"对话框，对不满意的参数进行重新设置，然后打印。

图 7-21　"打印"选项

　　如图形太小且位置不正，则返回"打印"对话框，重新选定图形打印范围（打开"对象捕捉"捕捉图框角点），并设置为"居中打印"。

第四节　　上机操作

【实训】　将图 7-22 所示的图形布局到"Tutorial-iArch"样板中，并用 A4 纸 1∶1 打印输出此布局。

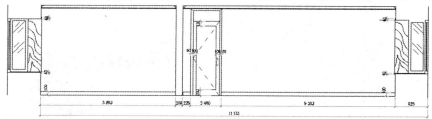

卧室1、卧室3B立面　1∶50

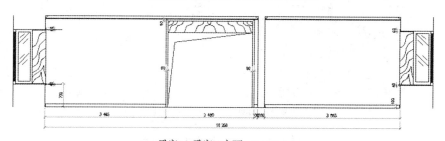

卧室1、卧室3D立面　1∶50

图 7-22　立面图

操作步骤如下：

（1）在布局选项卡上单击鼠标右键，如图 7-23 所示，选择"从样板"命令，系统将弹出如图 7-24 所示的"从文件选择样板"对话框。

（2）在"从文件选择样板"对话框中选择"Tutorial-iArch"文件，单击"打开"按钮，系统将弹出如图 7-25 所示的"插入布局"对话框。

（3）在"插入布局"对话框中单击"确定"按钮，则布局选项卡中已插入国家标准样板布局，名称为"D-尺寸布局"。

（4）选中"D-尺寸布局"选项卡，将图形按视口比例为 1∶1 布置。

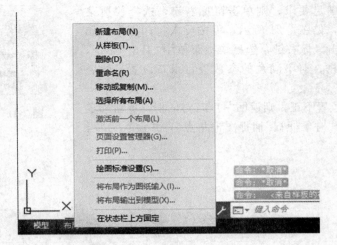

图 7-23　右键单击布局选项卡

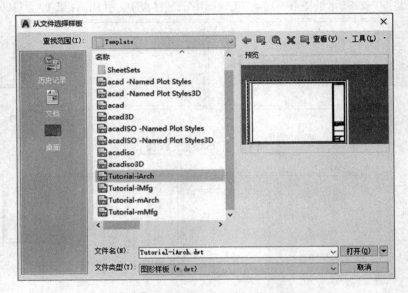

图 7-24　"从文件选择样板"对话框

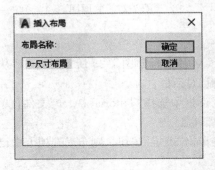

图 7-25　"插入布局"对话框

(5)填写标题栏相应属性，完成图形在 A4 样板的布局。

(6)右键单击"D-尺寸布局"选项卡，在菜单栏中选择"文件"→"页面设置管理器"命令，系统弹出"页面设置管理器"对话框，如图 7-26 所示。

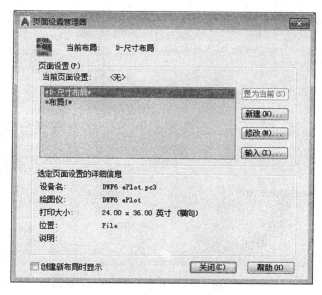

图 7-26　"页面设置管理器"对话框

(7)在"页面设置管理器"对话框中单击"新建"按钮，系统弹出如图 7-27 所示的"新建页面设置"对话框。在"新页面设置名"文本框中输入"布局(立面图形)"后单击"确定"按钮，系统将弹出如图 7-28 所示的"页面设置-D-尺寸布局"对话框。

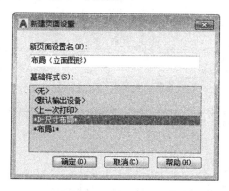

图 7-27　"新建页面设置"对话框

(8)在"页面设置-D-尺寸布局"对话框中设置如下：在"打印机/绘图仪"名称下拉列表中选择相应打印设备名称；在"打印样式表(画笔指定)"下拉列表中选择"monochrome. ctb"，将所有颜色打印为黑色；在"打印区域"选项组"打印范围"下拉列表中选择"布局"；在"打印比例"选项组中设置比例为 1∶1；在"图形方向"选项组中选中"横向"单选按钮。

(9)在"页面设置-D-尺寸布局"对话框中单击"预览"按钮预览打印效果，如图 7-29 所示，保存该布局设置。

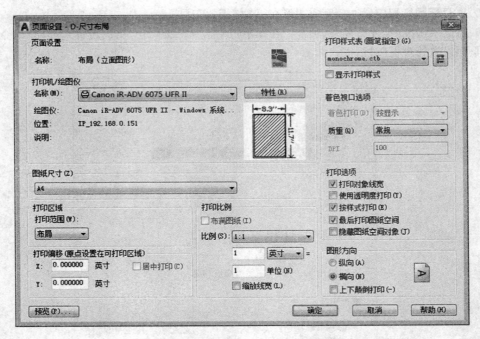

图 7-28 "页面设置-D-尺寸布局"对话框

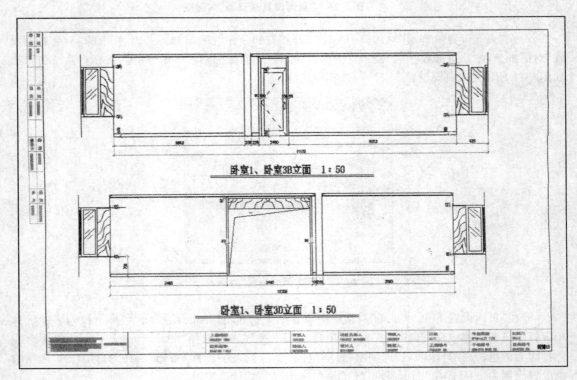

图 7-29 预览效果

本章小结

本章主要介绍了模型空间和图纸空间、打印样式及打印输出三部分内容。

用户用于绘图的空间一般都是模型空间，默认情况下，AutoCAD 2020 显示窗口是模型窗口，在绘图区的左下角显示"模型"标签和一个或多个布局标签，单击这些标签可进行"模型空间"和"图纸空间"的切换。

无论从哪个空间打印图形，都应该保持图形中的文字、符号和线型等元素在打印图纸中比例协调，大小适当，设置多比例视口时，只能平移图形，不能缩放图形。

AutoCAD 2020 可以输出各种格式的文件，将图形打印在图纸上，或保存成电子文件供相关应用程序使用。

思考与练习

1. 模型空间和图纸空间的作用各是什么？
2. 怎样在模型空间和图纸空间中打印图形？
3. 页面设置包含哪些内容？
4. 怎样选择打印区域？
5. 怎样配置打印机？
6. 怎样创建打印样式？
7. 绘制图形，并打印输出。

参考文献

[1] 中华人民共和国住房和城乡建设部. GB/T 50001—2017 房屋建筑制图统一标准[S]. 北京：中国建筑工业出版社，2017.

[2] 杜瑞峰，齐玉清，韩淑芳. 建筑 CAD[M]. 北京：北京理工大学出版社，2019.

[3] 包杰军，张植莉. 建筑工程 CAD[M]. 北京：北京理工大学出版社，2011.

[4] 胡岳飞，冷超群. 建筑 CAD[M]. 北京：北京理工大学出版社，2011.

[5] 巩宁平，陕晋军，邓美荣. 建筑 CAD[M]. 5 版. 北京：机械工业出版社，2019.

[6] 孙茜，罗颖. 建筑工程 CAD[M]. 天津：天津大学出版社，2015.

[7] 标准版，CAD，CAM，CAE 技术联盟编著. AutoCAD 2020 中文版从入门到精通[M]. 北京：清华大学出版社，2020.